種は誰のものか？

岡本よりたか

KIRASIENNE

大根の花と種

春菊の花
春菊の花は、黄色や白で可憐であり、多くのミツバチたちを畑に呼び込んでくれる。

稲の花
この稲から出ている黄色いものは稲の花と呼ばれ、咲いた時には受粉が終わっている。

大根の種
大根の花は、白く十字架のような姿だが、種は落ちた時に土に刺さるように尖り、荒々しい。

キャベツの種
キャベツの種は、四方八方へと伸び、あるとき弾けて、たくさんの種をばら蒔く。

ニンジンの花
白くて小さな花をたくさん咲かせるニンジンは、花の数だけ種をつけ、大量に種を蒔く。

ネギの種
ネギの種は、一粒一粒が袋に包まれていて、袋が濡れる事で種が給水され、発芽する。

ブロッコリーの種

ブロッコリーの種は、キャベツの種と見分けがつかず、先祖が同じである事を教えてくれる。

ホウレンソウの種

ホウレンソウの種は、先を尖らせる事で、動物に食べられないように工夫を凝らしている。

アスパラガスの種
アスパラガスの種は、赤く小さく可愛い。しかし、一度種を落とせば10年は生き続ける。

ズッキーニの花
ズッキーニの花は、ミツバチに見つけてもらい、花粉を運んでもらうために、黄色く大きい。

トマトの種

トマトは枯れて行くと、種と皮だけを残して地面に落ちる。皮が雨に濡れると、中のたくさんの種のうち数十本だけが芽吹き、やがてそのうちの数本だけが生長していく。残りの種は、ミネラルの供給源として、土に還っていく。

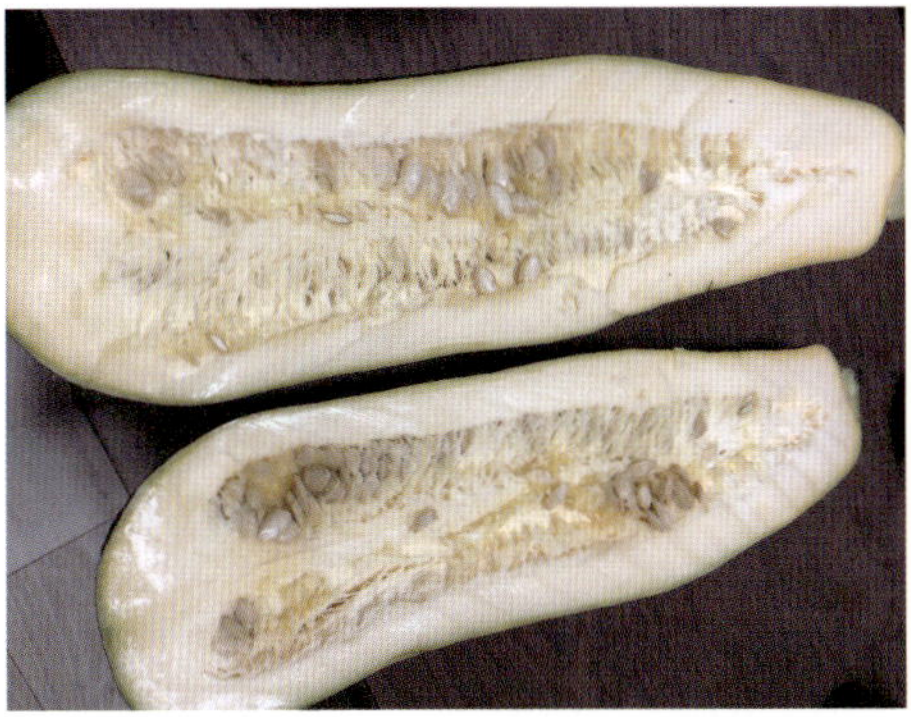

ズッキーニの種

ズッキーニは未熟果で食べる野菜なので、食べる時には種が生長していない。そのまま収穫せずに畑に置いておけば、やがて大きく硬くなって種を実らせる。種が出来ると、実はどんどん柔らかくなり朽ちていき、種だけが残る。

トラ豆の種

トラ豆は種を食べる作物である。食べないで、そのまま畑に蒔けば、再びトラ豆が生長していく。ほぼ全ての豆類が種であり、種はミネラルの塊でもあるから、栄養が豊富。私たちや動物、虫たちの大切なタンパク源となっている。

キュウリの種

キュウリの種は、複数の部屋に別れて実る。複数の部屋に別れる理由は、動物に食べられた時に、全ての種が全滅しないように工夫しているからである。この部屋の一つにでも種ができないと、キュウリは曲がってしまう。

ゴボウの種

ゴボウの種は、遠くまで運んでもらうために、棘をたくさんつけて動物の身体に付着する。

種は誰のものか?

目次

第7章　自家採種で取り戻す植物のチカラ

はじめに

種は誰のものか。

どんな生き物でも必ず死を迎えます。それは進化のためです。子供を産み育てるのは生物としての当たり前のことであり、子孫を作らなければ、変わりゆく地球環境に対応できなくなってしまいます。

植物も同じであり、人が邪魔をしなければ、最後には必ず種をつけて枯れていきます。種をつけるのは、生物としての当たり前の生体活動なのです。

種は誰のものかという問いかけに、僕は長い間、回答を探し続けました。僕が農業という仕事を選んだ40歳を超えた年、最初にぶつかった問題が、種を毎年買うという不自然な行為だったからです。種というのは、この地球に住む全ての生き物のものであるはずと考えていたのです。

お金を払って買うということは、支払う相手に、種の権利があるということを認めることです。僕の農業は、無農薬はもちろん、肥料も使わない、自然農法あるいは無肥料栽培という栽培法です。誰の手も借りずに、土と水と光と植物が持つ生命力だけで育てる農法でありながら、種だけは企業から買う。この行為に疑問を感じたわけです。

疑問を感じて以来、僕は自家採種を始めました。自家採種をして最初に思ったのは、野菜が環境に合ってきて、とても強くなるということでした。購入したての種は、枯れたり虫に食われたりするのですが、自家採種した種で育てると、枯れることが少なくなります。これは、種がその地域の気候や土の状態を記憶するからだと、僕は考えています。

しかし、種の権利については複雑になっていきます。企業から買った種は企業のものですが、自家採種した種は栽培者のものなのか、企業のものなのか。自家採種した種を誰かに譲渡すると、その権利は誰の手に渡るのか。そもそも企業に権利のある種を自家採種してよいのか。そういう疑問も生まれてきました。

企業の権利なのか、栽培者の権利なのか、拡散した場合は、拡散先の人のものなのか、あるいは企業の権利のままなのか。そんな疑問から、種について色々なことを調べ始め、やがて、種という神秘の世界に引き込まれていきました。

そして、最終的に僕が導き出した答えは、とてもシンプルでした。種は、その種をつけた植物のものでしかないということです。決して、人間のものではありません。もちろん、新しい品種を開発した企業のものですらありません。

新品種を開発する企業と言え、元の種は自然界からの借り物です。借り物の種同士を掛け合わせて新しい種を作り上げても、やはり借り物でしかありません。その借り物の種を手に入れ、栽培したところで、栽培者も借り物でしかありません。種は種を付けた植物のものなのです。

なのに、企業は種の権利を主張し、私たちに自家採種を禁止するような動きを見せ始めました。最初にその動きを知ったのは、遺伝子組み換え種子です。遺伝子組み換え種子には特許という権利が与えられているのです。あたかも人が新たに生み出した生命体かのような権利主張。しかし、どんなに費用と時間をかけて開発しようが、種は、植物のものでしかないのです。

人間が持っているのは、種を拡散する義務です。植物の種を拡散するのは動物の義務です。植物は種を拡散するために、実を付けたり、種を動物の身体にくっつけて、移動させようとします。つまり、人間が持つ権利があるとしたなら、せいぜい自家採種する権利くらいです。

企業は、種を独占する権利を主張するだけでなく、その自家採種の権利さえも奪おうとしており、僕は大変、危惧しています。自家採種の権利を奪われることは、食料を自給する権利を奪っていくことに繋がるからです。

この本では、野菜の種について、僕の思うところを存分に書いていきます。不思議な種の生態から、種の権利、法律、そして自家採種の方法まで紹介していきます。この本を読まれた方には、種は誰のものかという疑問について考えてもらいたいと思っています。是非、自分なりの回答を見つけてください。

決して僕の考えを強制したりはしません。この本が、種の権利について考えるきっかけになればと思っているだけです。

第1章　貴方の知らない種の不思議な世界

種は地球のミネラルの循環の主役

僕の農業は、無農薬はもちろんですが、無肥料栽培という、少し特殊な農業です。通常の農業は、草を刈った後、土を耕し、肥料をたくさん撒き、野菜や穀物の種を蒔いて、病気や虫にやられないように農薬を撒いて育てていきます。

無肥料、無農薬の農業は、肥料を撒かない代わりに、畑に生えてくる草をとても大事に扱います。もちろん、農薬も使いませんので、病気や虫から守るためにも、畑に生えてくる草を利用します。それだけではなく、できるだけ種は自分の手で採種していきます。通常ならば種は種苗会社からお金を出して購入しますが、僕の農業は、種も自給していく農業です。それにには深い理由があります。

種はその土地の気候、つまり雨や湿度や、あるいは日の当たり具合、気温、土の状態、ミネラルの量、虫たちの種類、草の多様性などを全て記憶するため、自家採種をすると、その種は、その土地で、農薬も肥料も使わなくても、自らの身体を自らの手で守りながらしっかりと育っていきます。

草というのは、一般的には雑草と呼ばれるものです。雑草とは雑多な草という意味であり、どんな草でも、必ず名前があり、役割があり、そして草ごとに独特な生態があります。こうした草は、大量の種を畑にばら蒔き続けています。その数は例えば1反、つまり300坪の畑の場合、数億~数十億とも言われています。まさに天文学的な数です。草は何故こんなにたくさんの種を蒔き続けるのでしょうか。それも季節ごとに色んな草が種を蒔きます。蒔かれた種は全部が発芽するのでしょうか。発芽しなかった種は、一体どこに行くのでしょうか。まずは、そのことを紐解くことから、この本を進めていくことにしましょう。

さて、畑に草が生えてきたら、栽培者はとりあえず草刈をします。草が生えてくると畑に撒いた肥料を取られてしまうとばかりに、慌てて、しかもできるだけ次に生えてこないようにしっかりと刈り取ってしまいます。ところが、刈り取ったあとのたった数日で新しい草が芽吹き、一雨ごとに生長し、気が付いたら草は背丈ほどに伸びていきます。栽培者は、再び、慌てて何度も何度も草を刈ります。種を付ける前に刈らなければという思いで、ひたすら草刈りを続けますが、草は絶えることがありません。根が残っていれば草はすぐに再生しますし、種が残っていれば、どんどんと芽吹いてきます。

ではなぜ、草はこうまでも強い意志で畑や空き地に生えてくるでしょうか。数億という数でばら蒔かれた草の種ですが、実は、芽吹くのはそのうちのたった数%だけです。残りの90%以上の、いや、ともすれば99%以上の種は、芽吹かずに土の中に待機し続けます。

植物はしっかりと根を張ります。根を張る理由は、土の中のミネラルを吸収するためです。吸収したミネラルは何に使われるかと言えば、もちろん、植物の身体を作るために使われます。それは間違いありませんが、それだけではありません。植物が吸収したミネラルは、葉や茎や根、そして種を貯蔵庫代わりにして、枯れるまで保管しておくのです。

植物は身体を作るために光合成を行います。葉緑体を使い、空気中の炭酸ガスCO2と水、H2Oを利用し、ブドウ糖を生成します。ブドウ糖は炭水化物へと変化していきます。そして空気中の窒素N2を微生物の力を借りて土の中に取り込み、最終的には硝酸態窒素という形で取り込み、炭水化物と窒素で蛋白質を形成していきます。これらは水と空気だけで作っているわけですが、それ以外に多くのミネラルを土から吸収しています。これらは細胞を作るために使われた後、先ほど書いたように、葉、茎、根、種にため込んでおきます。

植物は、身体を形成したあとは、種を付けようとします。子孫繁栄のためでもあり、そして進化のためでもあります。そのために、美しい花を咲かせます。花が枯れると、やがて実をつけ、その中に種を実らせ始めます。種がしっかりできると、今度は枯れていきます。枯れていくときは、水と空気からいただいたものは、水と空気に戻していきます。枯れるとは水分が抜けてカラカラとなる状態です。このカラカラになったものが、実は、ミネラルの塊です。最後に残ったのは、枯葉、枯れ茎、根、そして種です。これらがミネラルの塊ということなのです。このミネラルの塊がどうなるかというと、やがて土に戻っていきます。ミネラルは土からいただいたのですから、当然、土に戻すわけです。枯葉、茎、根は微生物の力を借りて、土に戻り、ミネラルを排出します。

では、種はどうでしょうか。もちろん、種は次の世代の元にもなります。生命の源でもあります。しかし、蒔かれた種のほとんどは芽吹くことなく、微生物の力で分解され、土に戻っていきます。これもミネラルを土に戻す行為なのです。つまりこういうことです。植物は種を蒔き、一部は次の世代の植物となり、子孫として進化していきます。さらには、残りの種は刈られた時のために土の中で控え、待ちます。待っていても芽吹くタイミングが来なければ、ほとんどは土へのミネラルの供給源として、土に還っていきます。種まきはミネラルの循環を意味しているということなのです。山から地下水や川や伏流水と共に流れてきたミネラルは、植物の根が微生物の力などを借りながら吸いあげ、あるいは土から流亡していくミネラルを、流れないようにキャッチし、体内にため込み、ミネラルの循環に寄与しているのです。

荒れた地に、最初に生えてくるのはスギナです。スギナは種で増えるわけではありませんが、スギナの根は地下深く張り巡らされ、土の中にある大切なケイ素、カルシウム、マグネシウムなど、植物が生長するために欠かせないミネラルを根でキャッチし、地上の草の中にため込み、やがて枯れることで土の中にミネラルを還しているのです。だからこそ、スギナは土を肥やすといわれています。

この地球の生物は、全てが種から始まります。動物とて例外ではありません。大量に排出される種は、ミネラルの塊であり、ミネラルの循環のために作られていると知ると、どんな草の種であれ、私たちの生命を守るために必要であるということが分かってきます。

この生命の源の種、この種が今、一部の利権者に奪われようとしています。種は、水、太陽、空気と同じく、人が生きていくためには絶対に必要なものです。この種を守るために、まずは、僕が知っている種の神秘性について書いていこうと思います。

無肥料畑

人の手など必要としない種たちの知恵

私たちは、種のことを良く知っているようで、その生態についてはよく知らないものです。種や植物の研究者ならある程度は知っているかもしれませんが、実際に多くの種を扱う僕ら農家や、家庭菜園を勤《いそ》しむ方々さえ、知らないことはたくさんあります。

たとえば、この写真が何か分かる人はいますか。これは、とある無肥料栽培セミナーの畑で、収穫せずにおいておいた野菜が花を咲かせ、種ができ、雨上がりのあとに芽吹き、小さな双葉を出している姿です。この姿を見て面白いなぁと思い、思わず写真に収めたのですが、普通ならば、種が地面に落ちて、風で土が被さり、雨が降ってから双葉を出すのが植物の生態です。しかしこの種は、まだ茎がしっかりとしていて、種が地面に蒔かれる前に発芽しています。この種は、それだけ発芽しやすい種ということです。一雨当たっただけで発芽するのですから。

ニンジンの芽が出た種

実はこれ、一般的には、逆に発芽しにくいと言われているニンジンの種です。ニンジンの種は水分吸収が遅く、畑に種を蒔いた後は、発芽するまで毎日水をあげ続けるというのが、通常の栽培方法です。僕がニンジンの種を蒔いたときも、同じように、できるだけ発芽するまで毎日、水を与えます。しかし、自然のままのニンジンの種は、そんなことはお構いなしに、たった一日の雨で発芽しました。これは珍しい例ではあるのですが、私たちが聞かされてきた、ニンジンは発芽率が悪いという常識を、いとも簡単に覆してくれました。

では、なぜこうなったのか。正確な理由を見つけるのは難しいのですが、僕にはある程度の心当たりがありました。それが完全に正解なのかは別にして、僕はこう推測しています。ひとつには、ニンジンの種の発芽には、光が必要だということです。発芽に光が必要な種を好光性種子《こうこうせいしゅし》と言いますが、市販の種は土に埋めてしまい、光が届きにくいので、発芽率が落ちると考えられています。

しかし、理由はそれだけではありません。むしろもっと別な理由があります。実は、ニンジンの種を蒔いたことがある人でも、ニンジンの種の本当の姿を知らないことがあります。種屋さんで種を買い、袋から出したばかりのニンジンの種は、本当の姿ではありません。そう言ってもなかなか信じてもらえないのですが、実際に自家採種したニンジンの種と、市販されているニンジンの種を並べて比べてみると、その違いがよく分かります。

　市販されているニンジンの種はツルっとした少し楕円形の種です。他の野菜の種と大きく違っているわけではないように見えます。ただ、種は小さく硬い殻をまとっています。

　自家採種したニンジンの種はというと、種がまるで小さな虫のように見えます。種の周りに、たくさんの細くて長い毛がまとわりついているからです。これは明らかに姿形が違います。自家採種したニンジンの種と、市販のニンジンの種。この違いが、いわゆる発芽率の違いに関係しているのではないでしょうか。

　この自家採種した種に水をかけてみると、真ん中の種の部分は水を弾きます。吸水しにくいようです。しかし、周りの毛は水分を吸収していき、すぐに濡れるのです。つまりこういうことです。ニンジンの種は、この周りの毛が水分を吸水し、濡れた状態を保持します。そしてこの水分が、種の中にゆっくりと

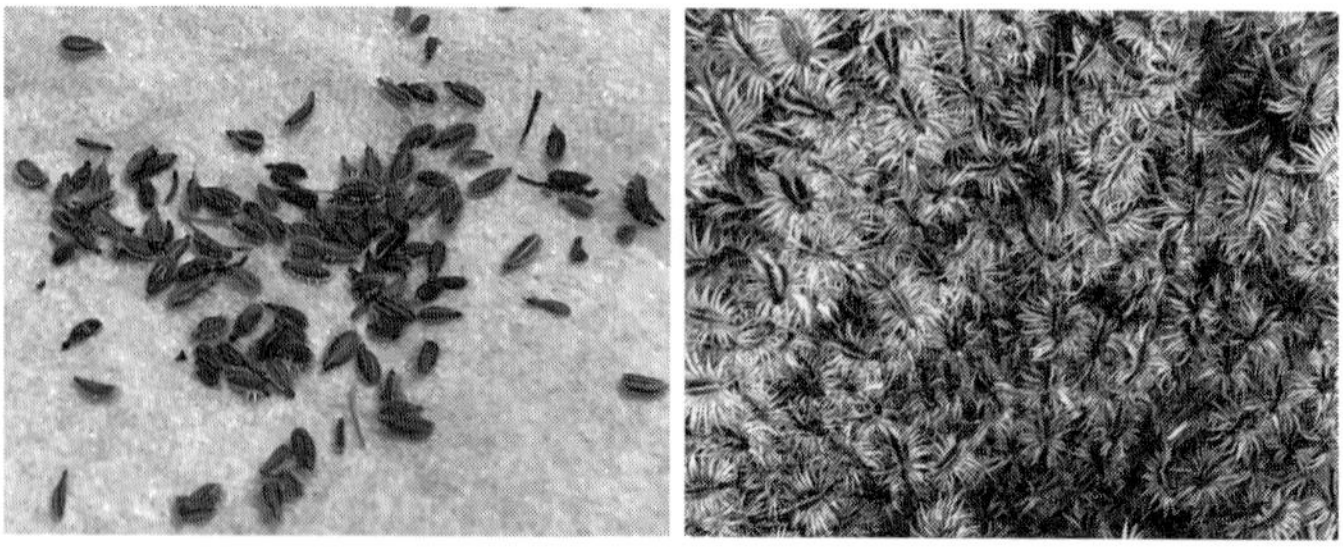

市販のニンジンの種（左）と自家採取の種（右）

侵入していくのです。この毛があることで、種を濡れた脱脂綿で包んでいる状態に保つと考えています。自然のままのニンジンの種は、この濡れた毛に包まれているからこそ、たった一雨で発芽が始まったわけです。

しかし、市販のニンジンの種からは、この毛がそぎ落とされています。この理由は、種が絡むからです。種に毛が生えているままに種まき機に入れ、種を蒔こうとしても、種が絡んで、かたまりで落ちてしまいます。もしくは落ちてこなくなってしまうでしょう。そこで、この毛を取ってしまい、種同士が絡まないように加工しているのです。

自然農法の勉強会に行ったときも、同じようにニンジンの種の周りの毛をそぎ落としていました。自然農法では機械での種まきはあまりしないので、別な理由があると思い、その理由を訊ねてみたところ、とある自然農法家の先生は、この毛があると、空気中の湿気を吸ってしまい、種の保存がうまくいかないからと答えてくれました。他の先生は、この毛があると発芽率が悪くなるとまでおっしゃいました。

しかし、僕は不思議でなりません。種が絡むからという理由は納得できるのですが、保存状態が悪くなったり、発芽率が悪くなったりするなら、そもそも植物は種に毛など付けないはずです。植物は決して無駄なものはまといません。絶対にこの毛にも意味があってまとっているはずなのです。案の定、この毛が付いた状態で種まきした方が、ニンジンの発芽率は上がりました。それは、おそらく毛が濡れて、種が吸水できたからでしょう。人は効率化のためにニンジンの種の毛を取ってしまいましたが、これを取ったがために、発芽率が悪くなり、毎日水をあげなくてはならないという作業を強いられることになったのだと、僕は思うのです。

これは一つの例でしかありませんし、ある程度は推測です。しかし、この現象から、そういう結論にたどりついたことに、僕は何の疑いも持っていません。このように、僕らは種についてもっと知っていけば、もっと発芽率を上げることもできるし、植物が持つ力を最大限に発揮できるのだと思っています。

不思議な野菜の種たちのはなし

【大根】

大根の種を買うと、袋の中にたくさんの種が入っています。少し赤みがかった小さな粒の種ですが、この種を、通常は土を掘り、2から3粒蒔き、土を被せて上から鎮圧します。

そして水をかけて数日待ちます。双葉が発芽してきて、さらに十数日して本葉が出てきたら、最終的に元気な一本のみを残して、他の芽は間引きして育てます。それが大根の栽培方法です。

当たり前と言えば当たり前の手順ですが、ここで考えてみてください。大根が自然界に自生していたとしたら、その大根の種を、今書いたような手順で蒔いてくれる人はいません。大根は種を付けさせると、翌年勝手に生えてくることの多い野菜で、「一人生え」「こぼれダネ」とか「自生」などと言いますが、そのときには人の手は介していません。

では、いったい大根はどのようにして蒔かれ、どのようにして土に埋められ、どのようにして水をかけられ、どのようにして間引きされていくのでしょうか。とても不思議な話です。

僕は大根の種の習性を知るため、大根の種を採ってみることにしました。大根は収穫せずに畑に残しておくと、そのまま冬の寒い時

大根の種

期には生長が止まり、葉が地面を這うように広がります。栽培していた時、葉は上へと延びていましたが、葉が倒れ込むのです。こういう形をロゼットといい、多くのアブラナ科の野菜の特徴でもあります。そして霜に当たれば、やがて葉は枯れ始めます。土から少し出ていた大根が、うまく冬を越せれば、春になると新しい葉を伸ばし始めます。この時は地面を這わず、上へと延びていきます。初夏を迎えると、葉はやがて茎だけになり、茎の先に小さな実のようなものを付けます。まるで小さなヒョウタンのような形をしたものがたくさん付くのです。実はこれが種です。種はやがて枯れて、茶色くなり、このヒョウタンのような鞘の中に種が3粒から8粒ほど実ります。一般的には、アブラナ科の種は、鞘が弾けて中の種が飛び出し、地面に蒔かれますが、大根の種はこのまま弾けずに、枯れていきます。大根が全体的に枯れると、この種も地面に落ちます。この時から、大根は発芽の準備を始めます。

良くこの形を見てみると、ヒョウタンの先が尖っています。ある日雨が降ると、この尖った先端から降った水が吸い込まれていきます。そして鞘全体が濡れた状態になります。この鞘を分解してみると分かるのですが、鞘はまるで硬いスポンジのような構造をしています。この鞘全体が濡れること。これが大根の発芽条件です。ニンジンの時に、好光性種子と書きましたが、大根は発芽の時はこの鞘の中で始まりますので、光がない状態で発芽します。こういう野菜の種を、嫌光性種子《けんこうせいしゅし》と言います。昔、縁側でスイカを食べ、種を庭に吐き出したりしていましたが、スイカはほとんど発芽してきませんでした。実はスイカは嫌光性種子なので、土の上に置かれて光が当たる条件では発芽しないのです。稀にどこかの隅に入り込んだスイカの種は発芽したかもしれませんが。

大根の種も嫌光性種子ですから、この濡れた鞘の中で発芽します。つまり、これが、人が土に穴をあけ、種を落とし、土を被せ、水をかけたのと同じ状況なわけです。この濡れたスポンジのような鞘が、濡れた土の代わりなのです。逆に言えば、栽培においては、濡れた鞘の代わりを、土で代用しているわけです。しかも、この鞘の中に3粒ほど種が入っているので、土にも3粒蒔くわけです。

不思議なことなのですが、この鞘のまま畑に蒔くと、最初は3粒発芽していきますが、やがて1つの芽だけが残り、二つの芽は枯れていきます。この理由はまだ解明できていませんが、なぜか自然界は勝手に間引きしていくようです。間引きの手助け者は虫や糸状菌という黴《かび》です。種は種同士、植物は植物同士でコンタクトを取り合っていると言いますし、植物以外の微生物や虫とも会話ができると言われていますので、そうした手段を使って、他の芽を枯れさせているのかもしれません。

見事なものです。種というは、人の手など介さなくても、発芽し、育っていくように、遺伝子に設計図が書き込まれています。植物の方が人よりよほど長く地球にいますので、ちゃんと子孫を残していく方法を確立しているのです。

【小松菜】

小松菜の種を蒔くとき、どのように蒔くと良いのかと考えるのですが、通常なら筋蒔きといって、一列にたくさんの種を蒔きます。種はやがてたくさん芽吹いてきますので、その中から適宜間引きしながら、ちょうど良い大きさの小松菜に育てていきます。しかしこれも自然界では種が勝手にやっているはずです。種というのは、その植物の身体を形成する蛋白質などの設計図だけでなく、植物の生態や習性についても数億年の記憶として残していると言います。今までの長い地球上の生命活動の中で、小松菜というアブラナ科の野菜の種は、自分の育ち方というのを確立しているはずです。それはどういった方法なのか、僕はとても興味がありました。小松菜という野菜を育てるのに、ヒントにしたいからです。

小松菜を収穫せずにおくと、やがて春になり、トウダチを始めます。トウダチとは花を咲かせることをいいます。あの小さな葉だった植物は、背丈が90センチほどの草となり、中心部から太い茎が現れたと思えば、中心から四方八方へと枝を伸ばし、まるで木のように広がります。その先に、黄色く小さな花をたくさん咲かせます。花が枯れると、細長い鞘をたくさん付けます。その鞘の中に種ができ、全体が枯れてくると、ある日突然、鞘が弾けます。まるで複数の鞘が連絡でも取りあっているかのように弾けだすと、ほとんどの鞘が数時間から数日の間に弾けて、種を飛ばします。飛んだ種は地表にばら蒔かれます。土がかぶさることはありません。そのまま放置していると、その中に数%が発芽を始めます。見ていると、全てではなく、その中の一部だけが発芽します。それは雑草の種が一部しか発芽しないのと同じ理由からです。

発芽した小松菜は、やがて育っていくのですが、不思議なことに、多くは虫に食われ、あるいは生長不良になり枯れていきます。栄養が足りないとかという方もいますが、違います。明らかに枯れるという意思があります。枯れる小松菜には多くのアブラムシやカメムシ、芋虫が付きますが、なぜかところどころ、虫が付かない小松菜があり、それだけがどんどん育っていきます。これが自然

小松菜の種

界の間引きです。小松菜同士が、枯れる株、生き残る株をお互いに連絡を取って決めています。この連絡には、植物が虫に食われることで発せられる化学物質が関係していると言います。この化学物質は、いわゆる香り成分であり、この香りで寄生蜂などの、虫の天敵を呼び、虫から身体を守ります。こうした防御を植物同士がコミュニケーションし、残る株、消える株という役割が決まっていき、最終的な間引きが完成するわけです。これも全て、種に記憶されている遺伝子情報なのです。

それを見て、僕は思いつきます。小松菜はばら蒔きした方が良いのではないか。ばら蒔きをする方が、手間がかからない、つまり自然の力を利用できるのではないかと思ったわけです。事実、小松菜は、ばら蒔きすると、人による間引きを怠っても、最終的には数本が大きく生長します。

じゃあなぜ、筋蒔きをするのかというと、アブラナ科は特有の競争意識を持っています。アブラナ科の種はたくさん付きます。一つの株で、ともすれば数千という種が付きます。これらの種は大量に蒔かれるので、最初の芽吹きは数%ですから、競争意識が働くのです。

そのため、筋蒔きのように種を密集して蒔くと、大量に発芽してきます。しかしばら蒔きするとポツリポツリとしか発芽しないので、人は発芽率が悪いと考えてしまったり、種がもったいないという発想になったりするわけです。そうして、結果的には、間引きという面倒な作業が発生します。もちろん、それが悪いという意味ではありません。その方が、等間隔で形の良い小松菜を、都合よく育てることができます。栽培者の知恵の結果が筋蒔きということですから、決して否定しているわけではありません。自然に任せれば、人の思うようには育ってくれませんので、栽培するという意味では、筋蒔きでよいのです。

しかし、種というのは、実に不思議な能力を持っているいるものです。

【トマト】

トマトとかナス、ピーマン、ジャガイモのようなナス科は、連作障害が発生する野菜と言われています。連作障害とは、翌年に今年と同じ場所でナス科の同じ野菜を栽培すると、生育不良や障害が起きるというものです。これは実際に起きている現象であり、確かにトマトなどは毎年場所を変える必要があります。原因は、土壌中のミネラルの偏り、微生物群の偏りによるものです。トマトを栽培した土には、当然トマトに必要なミネラルは枯渇しますし、トマトと共生関係にある微生物も増えます。最初はトマトと共生関係にあった微生物も、増えすぎてしまえば、トマトを攻撃し始めてしまいます。これは、地球に対する人口増加と似ているようにも思います。そこで、この連作障害を防ぐために、場所を変えて栽培し、去年トマトを作った場所では、ナス科以外の野菜を栽培して、ミネラルの偏りを元に戻したり、微生物群をリセットするために消毒したりするわけです。

しかし、おかしな話です。トマトは本来その場で種を落とす植物です。もちろん、動物に食べてもらい、遠くで糞をさせると、トマトの種が糞と共に排出されて、遠くまで勢力を伸ばすという方法で拡散しますが、でも、ほとんどのトマトは、同じ場所に落ち、同じ場所で芽吹きます。トマトは自生しやすい植物とさえ言われています。つまり連作障害というのは、人が作り出した障害です。自然界では、トマトはその地の気候、気温、土の微生物、水分量などを、種の中に遺伝子情報として残し、よりその地で育ちやすいように変わっていくはずです。

自然な状態のトマト

昨年の横浜で行った無肥料栽培セミナーでは、海外で採取したトマトの種と、日本で僕が採種し続けた種の両方で栽培したところ、長雨により、海外のトマトは枯れましたが、日本で採取したトマトの種は枯れずに残りました。この事実からも、種は必ずその地の気候を覚えていくものだということが分かります。

ちなみに、トマトを半分に切った中に入っているトロッとした部分が種ですが、この種は、このトロッとした実に包まれている間は発芽しません。このトマトからどんどん水分が抜け、カサカサになり、最終的に皮と種だけが残るようになりますが、その状態になって初めて発芽可能な状態になります。

トマトの実の中に、発芽を抑制する成分が含まれており、その成分であるアブシジン酸が消えて、初めて発芽が始まります。木になっている状態では発芽しないように、遺伝子情報を持っているわけです。

【キュウリが曲がる】

キュウリを栽培していると、よく曲がったキュウリができることがあります。栽培においては、まっすぐなキュウリでなければ、販売しにくいのですが、その原因は何かというのがとても気になるところでした。インターネットを使って、色々と調べてみるのですが、多くの場合、水不足とか光の具合、ミネラル不足、障害物があるなどと書かれているのですが、どうにも原因と結果が一致しません。そこで、この曲がったキュウリと、まっすぐで綺麗なキュウリとを収穫せずに種取りまでおいておくことにしました。その結果、大変面白いことが分かったのですが、曲がったキュウリには種がほとんどありません。下ぶくれのキュウリにもです。しかし、まっすぐで長いキュウリにはしっかりと種が入っています。つまり、キュウリが曲がったり、形が歪になったりする原因が種にあるということではないかと推測したのです。

※曲がったキュウリの写真

キュウリは受粉しなくても実が生る野菜です。同じウリ科でも、カボチャやズッキーニなどは受粉しなければ実が生りません。というよりも、雌花のついた実の元となるふくらみが、受粉しなかった時には、そのまま腐っていきます。しかし、キュウリだけは受粉しなくとも、ちゃんと大きくなっていきます。キュウリは、路地で栽培すると、とにかく形が悪くなりがちなのですが、どうやらそこに原因がありそうです。つまり受粉しなくても実を付けるという性質上、受粉が中途半端に行われた場合は、キュウリの形が歪になるのです。

理由は簡単です。野菜の実は種を守るためであり、また実を食べてもらい、種を拡散するために膨らみます。もしそこに種がなければ、当然、実を守る必要もなく、あるいは動物に食べてもらい、糞の中に潜んであちこちにばら蒔いてもらう必要がありません。だからこそ、種のない部分は膨らまず、逆に種が出来た部分は大きく膨らみ、その結果、形が歪になるわけです。

キュウリを収穫せずにおいておき、黄色く太くなってから半分に切ってみると、中心部に種の部屋がいくつか区切られて存在しますが、大概曲がった方向とは逆の側には種がたくさん入っていたりします。キュウリは受粉してなければ、種がないので、食べやすく好まれますが、逆に綺麗に均等に受粉すれば、種はできますが、形が大きくまっすぐで綺麗にもなります。それが目印となり、キュウリの種取りをするときは、形がまっすぐで、太く大きなものを収穫せずに残しておくのです。

種と野菜の形が関係しているというのも、実に興味深い話です。

【大豆三粒】

さて、大豆あるいは枝豆を食べたことがある方は多いと思いますが、穀物の多くは種です。私たちは種を食べているともいえます。コメ、麦、大豆、油や香辛料なども種です。種というのはミネラルが豊富ですので、これを人間が主食したのも、うなずける話です。

穀物と言えば、コメと大豆を良く食べますが、大豆は青い時は枝豆です。枝豆を食べたときには、鞘の中に2粒、または3粒の種が入っているのは、誰でもご存知でしょう。大豆の鞘には、必ず、2粒か3粒の種が入るのです。この様子から、僕は大豆の種を蒔くとき、1か所に2粒ずつ蒔くか、3粒ずつ蒔くかを考えるようにしています。なぜなら、鞘に何粒種が入るかというのは、植物の遺伝子が決めているからです。これも種の不思議なところです。

大豆を収穫したとき、ひと鞘ずつ種を取り出してみると、その大豆の品種の特徴が分かります。もし2粒の鞘が多ければ、その品種は2粒付きの品種です。ですので、大豆の種

大豆

を蒔くときも、2粒が多い場合は、一つの穴に2粒蒔く方が理にかなっています。2粒が多い品種は、茎が太くなり倒れにくいのですが、3粒が多い品種は倒れやすく、3本の大豆がお互いを支え合って育ってきたと考えられます。種から色んなヒントがもらえますね。

この法則を利用すれば、一つの品種でも、2粒入っている鞘から採った種だけ集めて蒔けば、2粒鞘が増えますし、3粒入っている鞘から採った種だけを集めて蒔けば、多くが3粒鞘になるはずです。もちろん理論上はです。そのようになるためには、何年も種取りを続けていかなくてはなりませんが、僕は、そうした実験を未だ続けていまして、感覚的にその法則に沿っているという実感があります。種が持っている遺伝子を、その姿形から推測し、一番適した栽培法を見つけ出すのが、僕ら無肥料栽培農家の醍醐味ともいえるのです。

種にはもっともっと不思議な生態を感じています。八方に散らしたように種が付くイタリアンパセリは、線香花火のように、ばら蒔きをします。同様に、下向きの鞘の下の部分が開いて種が落ちるバジルは、一か所にたくさん蒔く筋蒔きをします。また、ネギのように上向きの鞘ができる種は、一か所に集めてばら蒔きするなど、種の付き方で、蒔き方を工夫していくことで、よりその野菜に適した栽培方法というのを、あみだしていけるということなわけです。

身をまもる種

少しコメや麦の話もしてみましょう。コメを栽培するときは、苗を作り、その苗を田んぼに等間隔に植えていきます。等間隔に植えられたコメは、やがて分《ぶん》けつを繰り返して、1本が20本ほどに増えていきます。コメはある程度生長すると、分けつが止まり、やがて上に伸びる生長も終わりを告げます。ここまでを栄養成長と呼んでいます。ある時から生殖成長に入ります。生殖成長は種を付ける生長の仕方です。この栄養成長と生殖成長の切り替えは、イネ科の場合は一回しかありません。ナス科などの果菜類の場合は、栄養成長しながら生殖成長もするという生長の仕方をします。栄養成長と生殖成長が何度も繰り返されるということです。しかしコメは1回のみです。マメ科も、1回のみのものが多いようです。

生殖成長に変わると、コメは種を付けますが、種を守るために籾に包まれるようになります。籾の中に種ができるのです。そして籾の中でゆっくりと生長していきます。この間、鳥が来たところで、なかなか中のコメまではくちばしが届かず、コメは鳥の被害から守られます。もちろん、最近の鳥も賢くなってきて、硬い籾に守られていても、食べられてしまうことは多々あります。

さて、今度は小麦の話ですが、小麦もコメと同じように生長していきますが、小麦はコメのような硬い籾がありません。籾自体はあるのですが、コメに比べると、薄く、簡単にはがれるようになっています。そのため、鳥たちは、小麦をいとも簡単に食べていきます。コメは鳥と分け合うことはないのですが、小麦は鳥と分け合う作物ということです。しかし、小麦も、いつまでも食べられているわけにはいきません。そこで、小麦は禾《のぎ》という、ツンツンとしたひげを出して、鳥から守るようになりました。コメにはこの禾と呼ばれるひげはありません。籾で守られているからですが、小麦は籾が薄くはがれやすいので、こういう姿になったと思われます。

何故、小麦の籾が薄いかと言えば、これはおそらく、長い間、人間が栽培してきた結果、できるだけ簡単に食べられるように品種改良してきたのではないかと思っています。この籾を取る作業というのは、結構大変です。石や棒を使って、少しずつ剥がしていくしかないのですが、叩いただけで籾から小麦が落ちてしまえば、作業は簡単になります。現代では、籾摺り機という機械があり、籾の硬いコメでも、籾摺り機を通せば、簡単にコメを取り出せます。しかし、そんな機械などなかった時代から、小麦をできるだけ簡単に食べる方法を生み出したのかもしれません。それの証拠となるかどうかは分かりませんが、古代小麦と言われる、品種改良される前の小麦は、硬い籾に包まれており、簡単には小麦を取り出すことができません。しかも、古代小麦には、鳥から守る禾がないのです。

ですので、現代小麦は玄麦と言われる、籾で包まれていない裸の麦の状態で種まきをするのですが、古代小麦は籾に包まれた状態で種まきをした方が、しっかりと発芽してきます。コメも籾に包まれているので、コメの種まきも、籾が付いた状態で行います。そうしないと発芽率がひどく落ちるのです。

こうして、種は動物に食べられることを想定して、色々工夫を重ねてきました。ある程度は食べられたあと、糞とともに拡散してもらい、残りはその場に落ちて芽吹くという具合に、拡散方法を確立してきました。そのため、種は食べられても、実は消化しにくいと言われています。鳥が大豆を食べたとしても、実は大豆には毒があります。その一つが、発芽抑制物質であるアブシジン酸です。このアブシジン酸は動物にとっては毒にもなるために、鳥はあまり多くの大豆は食べません。お腹を壊すからでしょう。そうして種の食べすぎから守っています。更には、消化酵素阻害物質というものもあります。トリプシンインヒビターと呼ばれている物質ですが、この物質が動物の体内に入ると、消化酵素と結びついてしまい、消化能力が落ちると言われています。つまり、消化能力を落として、糞の中に消化されない形で残そうとしているわけです。その糞が地上に落とされて、糞の中から発芽していくわけです。

とても素晴らしい身を守る術ですが、実際、人間はその物質を食べてしまっています。なぜ人間は食べられるかというと、種を食べる場合、例えばコメ、麦、大豆などは、必ず加熱します。小麦は高熱で焼かれ、大豆は水に長時間浸したあと、長い時間をかけて煮ます。また発酵させることもあるでしょう。このように、火を通したり、発酵させたりするという知恵を人間は持っているため、食べることができるわけです。人が食べられる知恵をもっていたからこそ、動物に拡散してもらう以上の拡散力を持ってたともいえます。人が栽培という方法で、子孫を増え続けさせてくれるのですから。

籾の付いた小麦（左）とついていない小麦（右）

第2章　私たちは種を食べている

種があればお金がなくても生きていける

少し、僕のことを書いておきます。僕は、40歳まではテレビ関係の仕事からＩＴ関連の仕事していました。どちらもストレスの激しい仕事であり、失敗が許せない世界でもあります。また機械に囲まれた生活ですし、就業時間もかなり不規則です。実家の福井から東京に出てきて22年間、第一線で頑張って働いてきましたが、ある時、がっくりと疲れてしまい、体調不良に陥ります。突発性難聴、顎関節症、目の病から大腸までおかしくなり、見るな、聞くな、しゃべるなと神に言われている気分でした。そんな時に知ったのが、マクロビオティックでした。玄米菜食で、時々魚と肉という食生活を始めたのですが、食べもので身体を作っているのに、今まで、その身体を作る食べものを作っている人のことを全く知らないということに気づきました。全く知らないのに、信頼してよいのだろうかという疑問から、自ら野菜を作ってみようと思い立ったのですが、すぐに農業に入るような決断はできません。ですので、家庭菜園レベルでよいから、野菜を作ってみようと思い、山梨県北杜市に通いながら、畑を借りて栽培を始めました。

農業を始めるのに、まずは農薬や肥料と考えますが、農薬が身体に悪いということは薄々感じていたので、無農薬で作ることは決めていました。後は肥料ですが、もちろん、流行の有機栽培を目指します。そしてホームセンターに行って、肥料売場に行ったのですが、どうにも有機肥料の匂いが臭くてたまりません。化学肥料も当然臭く、とても使う気になれないでいたら、ある時、仲間から福岡正信さんという自然農法家のことを教えてもらいました。福岡正信さんは、無肥料栽培である自然農法の大家とも言われている先駆者です。早くから肥料がもたらす地球汚染に気づいて、自然農法を提唱し、さらにエネルギーにも頼らない自給自足の生活を提唱し、世界中の荒廃した土地を、緑いっぱいに改造しようと試みた方です。

その福岡正信さんの「わら一本の革命」を読み、考えに同調して、自然農法でやろうと決めたときには、既に46歳になっていました。それまでも農はやってましたが、採れたり採れなかったりで、あまり真剣さはなく、それでも無肥料、無農薬を続けていました。しかし、自然農法を知ってからの無肥料による僕の農業は、決して順調なものではありませんでした。就農して以来、農業収入に頼るほどの利益はなく、就農する前から続けていたＩＴの仕事の収入で生活を続ける日々でした。たとえ肥料や農薬を使い、補助金などを行政から頂きながら農業を続けたとしても、よほど大規模農業化しない限りは、なかなか食べてはいけないのが、今の日本の農政です。農政が必ずしも悪いという意味ではありませんが、コメ一俵の経費に１５０００円かかり、それを１４０００円で買い上げてもらい、あとは補助金で食べていくという農業。それが現代の日本の農業のスタイルです。このスタイルが嫌であれば、自分自身で売り先を見つけて、高く販売することになるわけですが、誰もが売り先を確保できるほどの営業力はなく、栽培に力を注いでいる分、営業や販売に回す時間もないというのが、現状だと思います。

僕のよう無肥料、無農薬であれば、野菜が病気になること、虫食いで出荷できないこと、野菜の生りが悪くて、数が確保できないこと、小さくて形が悪い野菜が売れないなどの問題が出てくるのは当然です。これらの問題は、決して真の問題ではなく、それが本来の植物の姿というものです。虫と共生し、時に病により数が調整され、地力に合わせた大きさの野菜が地力に合った分だけ収穫できるというのは当たり前のことです。それを、現代の農業では、交配種という技術、化学農薬や化学肥料という人間の技術力により、今の食料事情を支えるだけの野菜の生産を可能にしているということですから、自然界では当たり前のことが、現代農業では当たり前ではなくなってきていると考えるべきです。

当たり前ではない農業を続けていれば、生活苦になるのは当然のこと。農業収入が上がらない日々が4年ほど続いたとき、ITで稼いだお金は東京での生活費に回し、残りを農業資材費や経費に回すことに疑問を感じるようになりました。農業経費は農業収入で賄うべきだし、農業収入に対し、もっと真剣に取り組まなくてはならないのではないかと考えるようになりました。ITという収入があることで、農業収入を得ることへの真剣さが足りないということに気付いたわけですが、当時、東京と山梨を往復する経費などでどんどん貯金も尽き、また、過去のバブル経済の時の借金なども重なり、どんどん生活は苦しくなってきます。

気が付けば税金も滞納し、再三の督促にも支払えず、ついには差し押さえされるなど、貧乏な暮らしは加速していきました。本気でこのままでは食ってはいけないと思い、農業をあきらめようとしました。お金がなければ食べることができません。だったら食べられない農業なんかやめてしまおうと考えたわけです。

しかし、おかしな話です。農業は食べるものを作る仕事です。食べるものを作っているのに食べられない? そんななぞなぞのようなことが現実に起こっているのです。そう考えると、なぜだか笑いが生まれてきました。そして気づきました。手元に種があるということに。

種があれば、お金がなくても食べものは手に入る。僕の農業は農薬も肥料も使いません。だから種と畑さえあれば、食べものは手に入るのです。食べものが手に入れば生きていけます。お金がなくても、生きていくことができるんだと気づいたのです。もちろん、幾ばくかのお金は必要ですが、光熱費、交通費ぐらいのものです。であればなんとかなる。食べものを買わなくても食べていくために、種を残していけばよいのだという、根本的なことに気づいたのです。

人が生きていくために必要なのは、水、空気、光、そして種です。水は川に行けばあり、空気は自由に吸え、光も浴びられる。であれば、種取りを続けていけば、食べていけるということです。水、空気、光、そして種は命の根源です。この根源を守り続ければよいのであり、それは地球に住む、全ての生き物の権利でもあります。種取りは生きていくために大切な営みであり、それを忘れているから、人々は生きていくこと、食べていくことに不安があるのです。

そのことに気づいてから、僕はできるだけ種取りを続けています。人として当たり前の権利を守るためにです。しかし、その権利を独り占めしようとする人たちがいるのです。それが、種の知的財産権を独占しようとする、種苗会社やバイオテクノロジー企業なのです。僕らは、なんとしても、生きる権利としての種取りの権利を守り続けなくてはなりません。これは僕の例でしたが、こういうことが世界中で起きています。一見、貧しいと思われている国があります。農業をする人口は多く、産業が少なく、貿易も少ない国です。経済的には豊かではないと思われています。いわゆるGDPが低い国なのでしょうが、こうした国の人々は、むしろ食料自給率が高い場合があります。

日本のような先進国と言われる国は、逆に食料自給率は低いものです。これのどちらが幸福かと言われると、先進国の物差しで測ったのでは、正確にはわかりません。貧しいと言われる国は、農薬も、肥料も使わずに農業を行い、種も自家採種する。そういう農業を行い、自分たちの食料は自分たちで確保しているのならば、他国の干渉などなく、自国だけで生きていけます。その方が、他国の占領に合わないで済む場合が多いのです。

そこで先進国は、貧しいというレッテルを張り、

種

農業を大規模化、効率化しなさいと勧めてきます。特に政治家や実業家に働きかけて、その国の主権を奪おうと、農薬や、肥料を押し付け、自家採種する権利を奪っていくのです。これは絵空事ではありません。事実、そのような国がたくさんあります。リビア、イラク、ブラジル、アルゼンチン、古くはインドもそうです。自家採種が禁止されたり、農薬や化学肥料を大量に持ち込んだりして、農業を大規模化しようとしました。その結果、その国は、食料という意味では、完全に支配されつつあるのです。日本とて例外ではなく、大東亜戦争以後、日本に農薬肥料が大量に持ち込まれ、種も海外から入るようになったがために、日本はどんどん食料自給率が下がっていきました。

肝となるのは自家採種です。水、空気、太陽と並ぶ、生きていくために必要な種をどれだけ守り続けられるかが、この国が独立国として生きていけるかの鍵になるのです。

人類の食料の多くは種である

人類が農耕を始めたのは2万年以上前と言われています。その頃から、現代までに多くの食料が生産されてきました。その多くは、小麦、コメ、トウモロコシ、豆などではないでしょうか。主に主食や調理をするときに使用するものです。

その他にも例えば香料となるもの、つまりスパイス系のものです。嗜好品とコーヒーなどもあったでしょう。これらの主食や嗜好品などの多くは、実は種です。人類の多くは、実は種を主食としているのです。野菜などは種ではないものも多くありますが、果菜類と言われる野菜は、種を包むものですし、油の元になるのも多くは種です。

では、なぜ人類は種を食べてきたのでしょうか。その理由は色々と考えられますが、一つには、種は保存性が良いからです。植物の腐敗の原因の多くは水分です。例えば、野菜を購入し、ビニール袋に入れっぱなしにすれば、野菜から抜けた水分が野菜にもどってしまい、その水分が空気中の黴を繁殖させて、腐敗へと進みます。野菜を湿度の高い場所に置いておけば腐りますし、温度が高い場合でも腐敗します。これらの原因も全て水分とその水分によって繁殖する黴です。黴が生えなければ野菜は腐ることがありません。例えば野菜を乾燥機や天日によって乾燥さ

稲

せてドライ野菜にすれば、黴が生えることなく、保存性が良くなります。

種は、植物が持っている水分のほとんどを抜いた後に残ったものです。つまり枯れるという生理現象の後に残ったものですから、水分が抜け、水分による腐敗が起きにくく、保存性が良くなります。当たり前と言えば当たり前ですが、種が腐ってしまえば、植物は子孫を残せませんから、種を付けた後の植物は、必ず水分を抜きます。これが種を主食とする最大の理由です。

そしてもう一つの理由は、種はミネラルの塊だからです。第一章でも詳しく書きましたが、植物は水と空気を利用して自分の身体を構成していきます。植物は、光合成によって、地中から得た水分と、空気中の二酸化炭素から、ブドウ糖を生成します。ブドウ糖は、水のH2O、二酸化炭素のCO2から、炭素C、酸素O、水素Hを利用してブドウ糖C6H12O6を作り出します。このブドウ糖が集まって、様々な炭水化物が生成されていきます。

更に空気中には窒素N2があります。このN2をバクテリア、いわゆる窒素固定菌の力を利用して、アンモニア態窒素NH4+として土壌に取り込みます。その後に硝化菌によって硝酸態窒素NO3－に変わったら、植物はその硝酸態窒素を取り込み、先に生成した炭水化物と合わせて、アミノ酸を生成します。アミノ酸が結びついて、やがて蛋白質となります。つまり、植物は、水と空気中の二酸化炭素と窒素で身体のほとんどが構成できるわけです。

それ以外に必要なのがミネラルです。ミネラルはどこからいただくかと言えば、地中から吸収していきます。バクテリアである菌根菌や植物が根から出す有機酸を利用した浸透圧の力で、ミネラルを根からどんどん吸収していきます。ミネラルを吸収した植物は、自分の身体を構成し、今度は子孫を残すという生体活動を始めます。花をつけ、受粉し、やがて種を付けた後、枯れるという行為により分解していきます。

では、枯れるというのはどういう活動なのでしょうか。枯れるとは、水と空気からいただいた炭水化物やたんぱく質を蒸散とガスという形で、水と空気に戻していく行為です。特に四大元素である、炭素C、酸素O、水素H、窒素Nを空気と水に戻すわけです。戻し終わると、植物はカサカサになります。水分が抜けるからで

水と空気と土から作られる植物

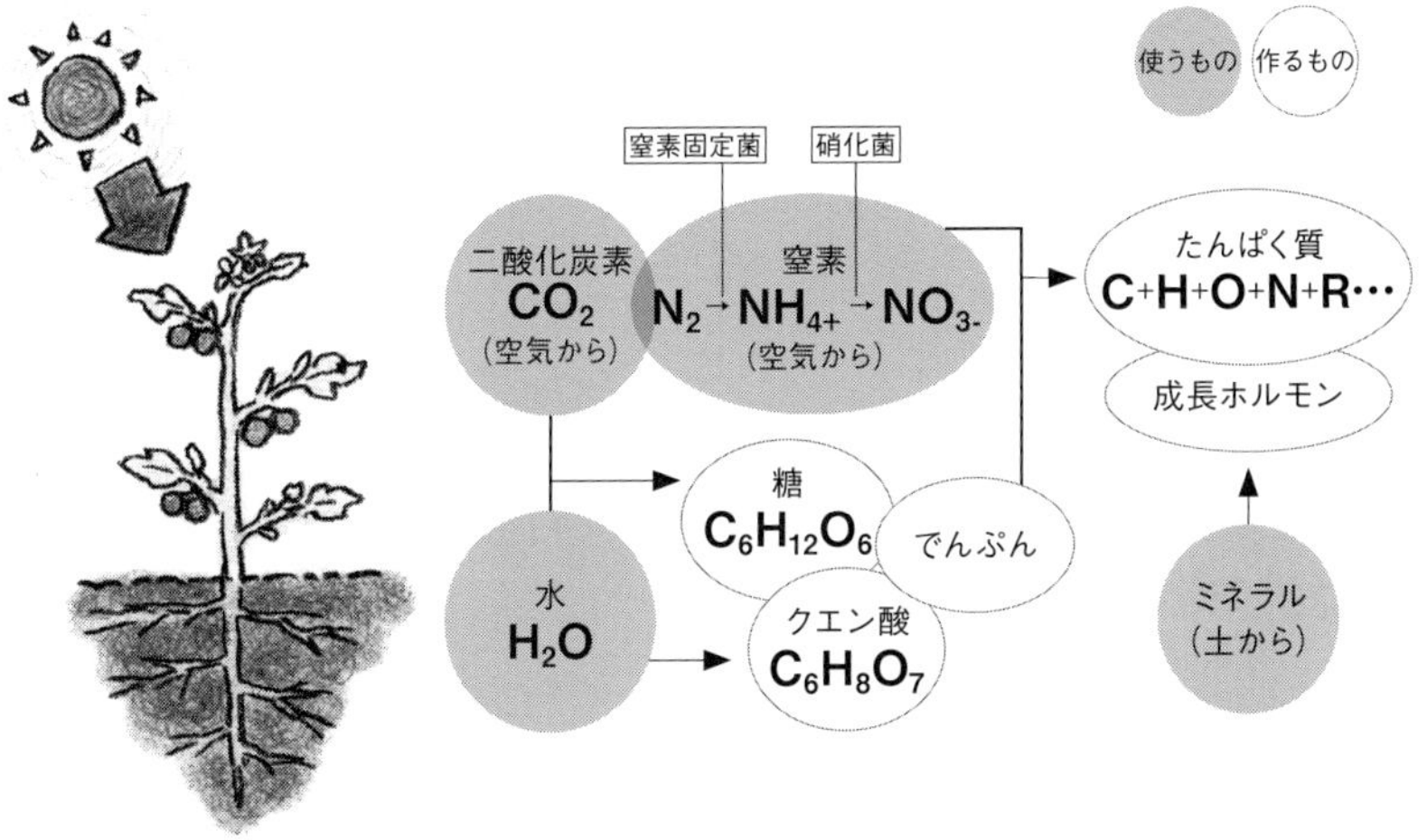

す。残ったのは、枯葉、枯れた茎、枯れた根っこ、そして種です。この残ったものの中には、土からいただいたミネラルがたくさん残っています。つまり、枯葉や枯れた茎、根、種はミネラルの宝庫という言い方もできます。人類はミネラルを植物や動物からいただきます。だからこそ、人類は種を食べるのです。ミネラルを種からいただき、自分の身体を作り上げていくわけです。

マクロビオテックなどでは、「一物全体」などと言い、食べものは皮や種も全て食べきるべきであると教えます。マクロビオティックだけでなく、昔から、食べものは全てをいただくべきだと教えられています。最近の野菜は、皮に農薬が残っているとか、種が消化できないなどという理由で、種も皮もそぎ取って食べるようですが、本来、植物からミネラルをいただくのなら、皮も種も全部食べるべきなのです。先に書いたように、嗜好品であるコーヒーやナッツ類も種ですし、香辛料、ハーブなど、食事に味付けや風味づけに使うのも種です。トマトなどは種ごと食べる食べものですし、この栄養化の高い種こそが、人類を生かし続ける大切な食料なのです。人間の話をしましたが、動物も種を食べます。例えば牛、鶏などの飼料も穀物です。穀物は小麦、トウモロコシ、コメ、大豆などですから、もちろん種です。それだけ種の栄養価は高いわけですが、その穀物を食べた牛や鶏は、自らの筋肉や卵に変えます。そしてそれを今度は人間が食べることになります。つまり、動物性蛋白質であっても、あるいは動物性脂肪であっても、元をたどれば種ということになるわけです。

種を制する者は世界を制するとまで言われるほど、この地球上に住む人間を主とした動物は、種によって支配されています。種自体を食べ、種を食べている動物を食べ、種から育った作物を食べているのですから、その種を制した者は、世界を制することができるのは当然のことでしょう。だからこそ、企業は、あるいは国は、種を作る権利を奪い、種を取る権利を奪い、種を売る権利を奪うわけです。もし支配したい国があれば、その国の穀物、特に主食となるものの種を抑えてしまえば、その国は従わざるを得ません。

メキシコのトウモロコシを遺伝子組換えトウモロコシに置き換えようと、アメリカの企業は考えています。アメリカに支配されてきたメキシコは、トウモロコシの種が全てアメリカに権利のある種になることを恐れ、抵抗しています。イラクのような国は、小麦を主食とし、小麦の自家採種率は９０％を超えていましたが、イラク戦争後、アメリカの企業に権利のある小麦の種に置き換わっています。世界中の国で同様の支配が起こっている以上、日本も同様のことが起こると考えておかなくてはなりません。日本の主食はコメです。このコメに関しても、知的財産権という企業に権利のあるコメの販売が始まっています。

三井化学、住友化学、日本モンサントなどの企業が販売する、ハイブリッドのコメです。

これらのコメの種には知的財産権があり、自家採種は契約により禁止しています。もちろん、アメリカの企業や多国籍企業も、知的財産権のあるコメを開発しており、特に遺伝子組換えのコメを開発し、日本での実験栽培の許可も取り付けています。このコメが販売されれば、遺伝子組換え種子の場合は、特許ともなりますから、自家採種は禁止になり、食料支配に繋がっていきます。こうした動きを止めていかなくてはなりませんが、日本の政府は、むしろ大歓迎というスタンスのようです。企業の競争力を利用して、農業を活性化しようという狙いと説明していますが、現実には、アメリカに種の権利を渡してしまうという流れになっているのです。

本当のオーガニックは種から始まる

オーガニックという言葉をよく聞きます。日本でいうところの有機栽培と近い言葉です。オーガニックと言えば、安心して食べられる食料というイメージがあるかと思います。実際、日本にはＪＡＳ法という法律の中に有機認証制度という決め事があります。有機認証制度により認証された作物には、有機ＪＡＳマークが付けられます。有機ＪＡＳマークは、農薬や化学肥料などの化学物質に頼らないで、自然界の力で生産された食品を表しており、農産物、加工食品、飼料及び畜産物に付けられていると、農林水産省のＷｅｂサイトには書かれています。

有機ＪＡＳマークが付与される作物は、有機食品のＪＡＳ規格に適合した生産が行われていることを登録認証機関が検査し、その結果、認証された事業者のみが栽培する作物です。この「有機ＪＡＳマーク」がない農産物と農産物加工食品に、「有機」、「オーガニック」などの名称の表示や、これと紛らわしい表示を付すことは法律で禁止されています。

この、自然界の力だけで生産されたという風に聞けば、まるで自然農法で栽培した

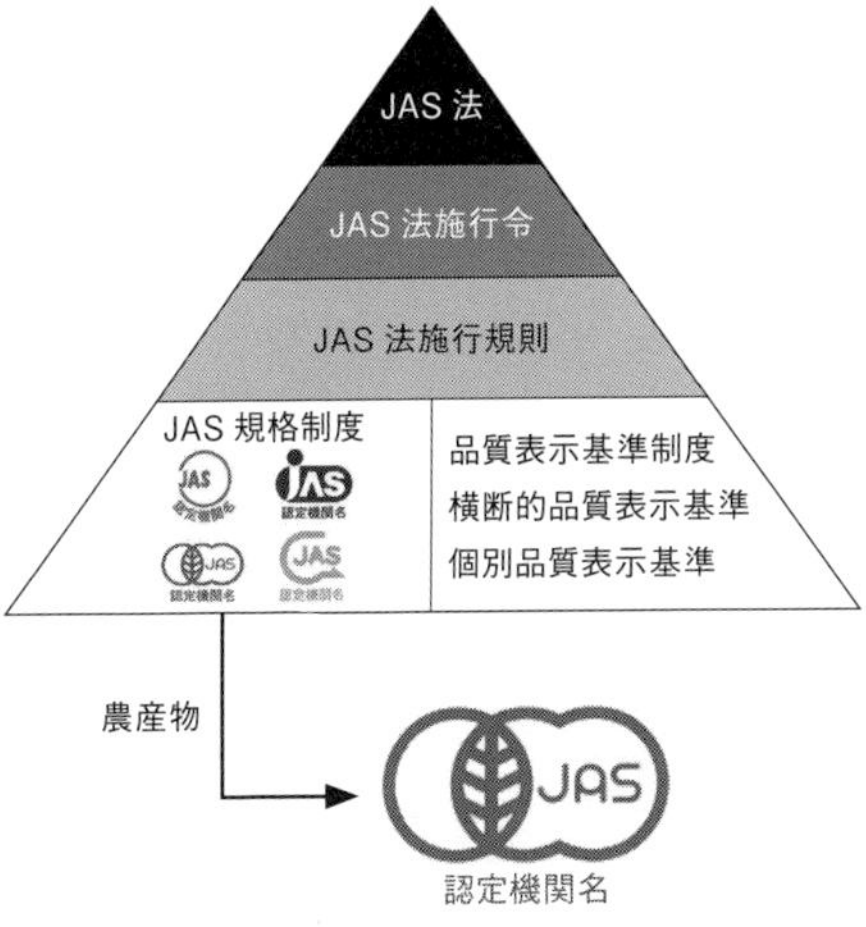

有機食品の JAS 規格に適合した生産が行われていることを登録認証機関が検査し、その結果、認証された事業者のみが有機 JAS マークを貼ることができる。

この「有機 JAS マーク」がない農産物と農産物加工食品に、「有機」、「オーガニック」などの名称の表示や、これと紛らわしい表示を付すことは法律で禁止されている。

「有機農産物」とは「化学的に合成された肥料及び農薬の使用」を避けたものを基本とするが、指定された使用可能な農薬は数多い。

遺伝子組み換え技術は使用禁止だが、遺伝子組換え種子から栽培された穀物で育てられた家畜の排せつ物の使用は認められている。

作物というイメージを持つと思いますが、現実にはそうではありません。確かに農薬や化学肥料は一定期間以上使用していないこととか、管理面でもかなり厳しい義務を課されますが、現実には一切の資材を使用しないということではありません。有機認証制度により、認められた資材、認められた農薬、認められた肥料というものがあります。つまり無農薬であるとは限りません。天然由来の農薬が多いのですが、でも農薬は農薬であり、もちろん毒性もあります。肥料も動物性肥料が多く使われ、中には抗生物質やホルモン剤、ワクチンなどを使用された牛や鶏などの糞も使いますし、多くは遺伝子組み換えの飼料を食べたあとの糞です。

それらが安全かどうかという議論は、この本の目的ではありませんが、ただ、遺伝子組み換え作物を食べているという点が、とても気になるところです。この本の中でも紹介していきますが、遺伝子組み換え作物を作る種子は自家採種が完全に禁止されています。種に特許が与えられており、どのような理由であれ、種を取ることは禁止されている作物です。

実際に、この種の特許を侵害したとして、訴えられる農家は後を絶ちません。アメリカやカナダ、ブラジル、インドでの話ですが、農家には自家採種をする権利があるというのに、その権利を超えて、特許により自家採種を禁止する、とんでもない作物なのです。

しかも、除草剤が多く使われる作物でもあり、かつ殺虫成分を持つ作物でもあり、健康を害するという研究が数多く発表されています。このような作物を食べている牛や鶏の糞を畑に大量に撒くことを有機認証制度では認めているのです。いや、認めるどころか推進すらしています。

こうして作られる有機栽培の作物は、自家採種を禁止する作物の栽培を加速させていきます。これは、ある意味、自家採種禁止への道に突き進む栽培方法でもあるのです。

もちろん、有機認証制度では、この遺伝子組換え種子を使って、作物を作ることは禁止しています。しかし、その遺伝子組み換え種子を使って栽培された作物を食べている動物の糞に関しては、使用してよいとなっているのです。これは矛盾でしかありません。

本当のオーガニックとは、まず、どのような製造方法であれ、一切の農薬は使用しない作物のことであるべきだと思います。そして、遺伝子組み換え種子を使用した作物の栽培を加速させないこと、つまり遺伝子組換え作物を食べている牛や鶏の糞の使用は禁止すべきだと僕は思います。

それに、オーガニックと言っても、栽培の元になる種についての厳密な縛りはありません。有機栽培された種子であることが望ましいというだけで、限定はしていません。また有機栽培された種子であっても、無農薬であるという必要もありません。もちろん、種に種子消毒、つまり種の時点で農薬（多くはネオニコチノイド系の浸透性農薬）をつけていないものである必要はありますが、その種がどのような育て方をしたかという厳密な決まりはありません。種が、化学農薬や化学肥料をたくさん使った種であっても構わないということです。これでは本当のオーガニックではありません。

オーガニックは、種から始めなくてはなりません。種も、化学農薬であれ、天然由来の農薬であれ、一切使用せず、また、化学肥料はもちろん、遺伝子組換えの飼料を食べている動物の糞も使わずに育てられた種であるのが、本来の「自然界の力で生産された食品」であると思いますし、もちろん、その作物自体の栽培にも使用すべきではないというのが、僕の考えです。

本当のオーガニックは、種から始まると思うのです。

第3章　変幻なる種の世界

行き過ぎた要求が不自然な交配種を生み出す

私たちが食べている野菜や穀物の多くが、交配種という種から栽培されています。交配種というのは、例えば酸味があるトマトと、甘いトマトを掛け合わせて、酸味も甘味もある品種のトマトを作ることです。二種類以上の違った品種を交配させて、新しい種を作りますので、これを交配種と呼びます。人工的な交配をせず、自然のままに交配しながら、現在までつながっている種を在来種といい、種苗会社が人工的な交配をせず、また自然交配もできるだけしないように採種した種を固定種と言いますが、それらについては、後ほど説明します。交配種というのは、人類の知恵でもあります。過去から現在まで、多くの品種を掛け合わせながら、今の野菜や穀物が作られてきましたので、交配種は人類と野菜の歴史ともいえるものです。たとえばトウモロコシはイネ科ですから、もともと甘くてふっくらとした穀物ではありませんでしたが、人が食べておいしいと思うトウモロコシを次々と掛け合わせていき、今のスイートコーンが作られました。キャベツも、芽キャベツのように小さい植物でしたし、トマトもマイクロトマトぐらいの小さなサイズが元々の品種です。果物でも、バナナなどは種のある甘くない果実でしたが、それを品種改良しながら、今の種のない甘いバナナを作り上げてきました。

　交配種を生みだす技術がなければ、今のように、美味しい野菜や穀物にあふれる社会は出来なかったとさえ思います。ですので、現代の種苗会

交配種
○○交配・一代交配種等
人為的に他品種同士を掛け合わせ、新しく機能的な形質を発現させた種子

遺伝子組換え種
多国籍バイオ企業による種子／特許で守られる

固定種
種屋が交雑しないよう固定し繋いできた種子

在来種
農家が種採りをして繋いできた種子

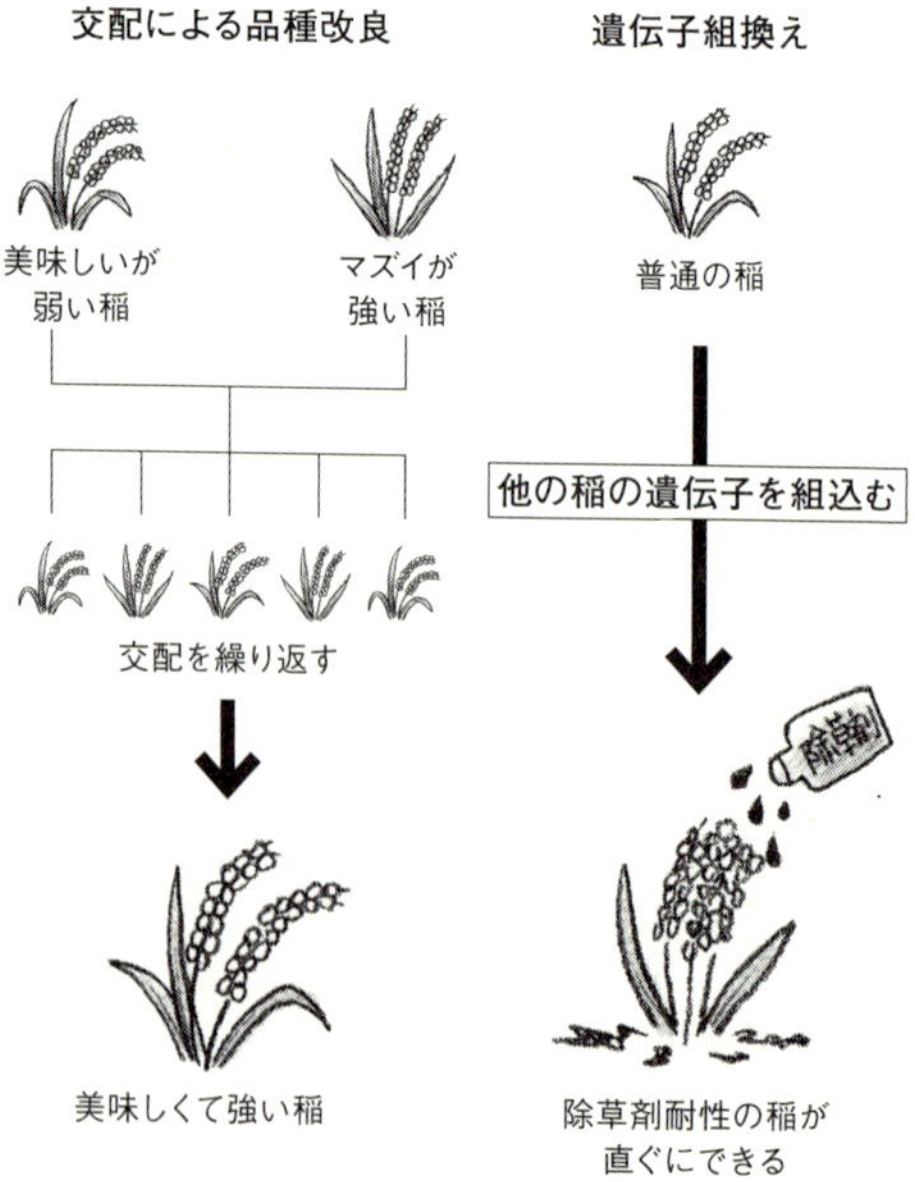

社の貢献度が、私たちの食生活を支えているということでもあるわけです。感謝しなくてはなりません。

しかしながら、その交配種もどんどんと様変わりしてきました。それは、消費者の要求による品種改良であったり、種苗会社の利益追求型の経営方針からだったりで、生物学的には、少々行き過ぎた品種改良がされているともいえるのではないかと思います。例えば、流通が発達したため、暖かい地域である九州で栽培された早採りトマトは、寒い北海道でも食べることができます。このトマトは、九州で収穫して箱詰めされ、農協経由で卸業者に渡り、仲卸業者を経由した後に、北海道の小売業者へと流れ、店頭に並べられた後、消費者の家へと運ばれ、冷蔵庫でしばらく眠ってから、食卓へと並びます。この多くの経由地を経たトマトは、収穫した日から、食卓に上るまでに、3日から、最大二週間ほどの期間を要します。そうなってくると、完熟で収穫されたトマトは、食卓に上った頃には皮が軟らかくなり、もしかしたら潰れてしまっているかもしれません。それでは小売業者、仲卸業者、卸業者の信用問題へと発展します。

そこで、完全に熟す直前で収穫して、流通に流すという工夫をするわけですが、種苗会社は、できるだけ皮の部分が厚く、遠方への輸送が可能な品種を生み出す必要性も生まれてきます。ある意味それは技術力ではあるのですが、このことにより、トマトのジューシーさが失われる可能性がありますし、もしかすると甘味も薄くなるかもしれません。なぜなら、日持ちするトマトは、大概、皮が硬く、すぐに赤くならないトマトだったりするからです。事実、現在のトマトは、流通の関係で、日持ちするように品種改良されています。甘味が薄れてしまった分に関しては、今度は甘みの強いトマトを掛け合わせることで補っていきます。こうしたことが繰り返されていくと、どんどん、不自然な交配種を生み出すことになるわけです。

ひとつの例として、先ほど書いたように、トマトは通常真っ赤になる前の状態で収穫します。ピンクがかった収穫熟度であっても、時間が経てば、追熟し赤くなりますが、どうしても甘味が薄れます。そこで、完全に赤く熟した状態で収穫しても、成熟速度が遅くなるように品種改良しておくことで、日持ちするようにするという技術が生まれました。これには、実は遺伝子を高度に操作する技術が使用されています。成熟度が進むスピードを遅くするという技術です。この技術を使えば、長い時間トマトが売れなくても、腐るスピードも遅く、卸も仲卸も小売りも消費者にも、非常に助かるということです。しかし、果たして人類は、植物の遺伝子を操作するようなことをしてよいのか、という疑問がわきます。遺伝子は自然交配によって変わっていくものです。これを人類の遺伝子工学により、勝手に変えていくという技術は、ある意味行き過ぎではないかと思います。

ただ、これは遺伝子組換え技術とは違います。後程ご紹介しますが、遺伝子組換え技術は、植物の遺伝子にバクテリアや虫などの遺伝子を組み込む技術です。このトマトはそうした別の生き物の遺伝子を組み込むわけではなく、あくまでも腐敗するスピードを遺伝子的に遅くするということをしているだけです。ですので、それが健康に悪いかというと、必ずしもそうではありませんが、人類が他の生命体の遺伝子を操作することに、僕は疑問を感じます。

雄性不稔性という不自然な交配

交配種自体は、技術としては完全否定するものでもありませんが、交配種の中でも、僕が一番問題だと思うのが、雄性不稔性《ゆうせいふねんせい》を誘発する技術です。

雄性不稔性とは、動物学的に言えば、男性不妊症と置き換えることができます。雄性とは、おしべが花粉をつけることを言いますが、この雄性を不稔にする、つまり、おしべを付けさせない、あるいは花粉を付けさせない技術のことです。

何故こういう技術が必要かと言えば、交配種というのは、例えばAという品種とBという品種を掛け合わせることです。そのためには、Aという品種のめしべに、Bという品種の花粉を付ける必要があります。この時、Aという品種にも当然おしべがあり、花粉があります。もしAという品種の花粉が、Aのめしべに付いてしまえば、自家受粉ということになり、Bという品種の花粉を付けても、受粉済みなので掛け合わせることができません。そこで、Aという品種のつぼみができたときに、そのつぼみをピンセットで一つ一つ開けていき、おしべになりかけの部位を確実に取り除いていくという作業が必要になります。つぼみは一つではありませんから、全てのつぼみでその作業を繰り返さなくてはなりません。万が一、一つでも先に自家受粉してしまえば掛け合わせは失敗する可能性が高くなるので、慎重で地味な作業を強いられます。この作業を除雄と言いますが、事実、交配種はこうして作られていくものです。

雄性不稔性

雄性不稔性(雄しべの出来ない突然変異種)のこと。他の品種と交配させるのに、花粉が邪魔!ミトコンドリア異常の雄しべのできない株を使用する

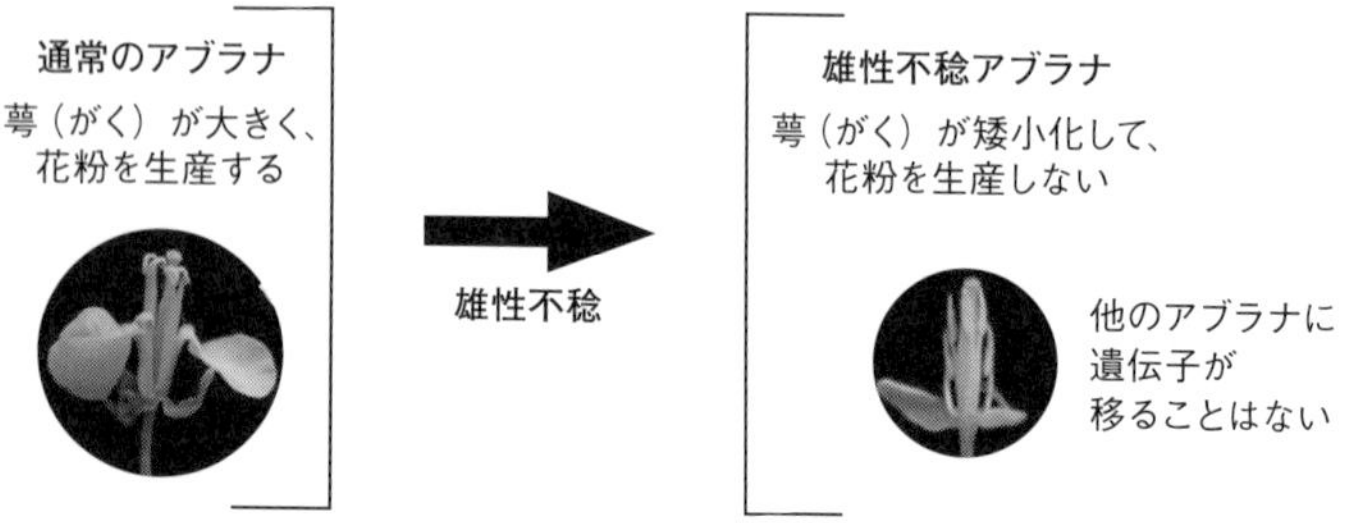

参考:農林水産省　http://www.maff.go.jp/index.html

そこで、人は効率化という事を考え始めます。まず、おしべが付かない突然変異種という株を探し出します。この株はおしべがなく、花粉がつきませんので、この株を母株にすれば、除雄という作業をしなくてすみ、作業的にはかなり楽になります。これは、最初はタマネギで発見されたと言います。更に、突然変異種という、いつ見つかるか分からない株を探すよりも、最初からおしべが付かなくなるように、遺伝子的に操作してしまうという技術も考え出しました。生物化学や遺伝子工学を活用し、人の手により、最初からおしべがない株を生み出そうというわけです。その方法は遺伝子操作や放射線を利用した方法と言われています。これを雄性不稔株と言います。このおしべのできない株Aを母株にし、父株としてBの花粉で受粉させれば、簡単にAとBの交配種を生み出すことができます。

さて、ではなぜおしべがないのか。それを追及してみると、野口種苗の野口勲さんの著書「タネがあぶない」によると、実はミトコンドリアに異常があるからだそうです。ミトコンドリアは母系遺伝ですので、そのミトコンドリア異常を母株として作られた交配種から採れた種は、全てに雄性不稔性があるということになります。つまり、どの種も、ミトコンドリアに異常がある可能性があるということです。しかも、この雄性不稔性の技術を利用すると、種を付けることが難しい野菜となります。花粉を付けないのですから、種ができ難いということです。自然界は、人間の世界に比べ、非常に過酷で冷酷な世界です。

当然のことながら、ミトコンドリア異常の株は、子孫を残せないため、植物にとっては淘汰するべき株となります。

もちろん、全く種ができないのでは、あるいは花粉が付かないのでは作物は実りませんので、雄性不稔性の技術を使用して作り出した作物であっても、雄性不稔性を回復する遺伝工学的な技術も取り入れていますので、実際には花粉を付けたり、実を付けたりもしますが、決して自然な野菜とは言えません。しかも、ミトコンドリアに異常のある野菜は、健康な野菜と言えません。ミトコンドリア異常の植物を人間が食べたところで、所詮消化してしまうのですから、植物のミトコンドリアが人間のミトコンドリアに影響を与えるとは考え難く、開発している研究者、販売している種苗会社は、安全性は確認済みと言うでしょうが、それをそのまま受け取ることはできません。

この雄性不稔性に関しては、別の章にて、野口種苗の野口勲さんとの対談の中で詳しくお聞きしていますが、雄性不稔性の野菜が増えていくことで、虫の世界や私たちの体内で何が起きているか、正直、知るすべもなく、不安になるばかりです。

交配種を使用すると種取りをしなくなる

交配種の問題点は、この雄性不稔性だけではありません。僕が最も危惧するのは、交配種を使うことで、種取りをする習慣がなくなるという農家側の問題点です。この点については、次の章で詳しく説明していきますが、何故、交配種は種取りをしなくなることに繋がるのかを、先に簡単に説明しておきます。

交配種は、いわゆる雑種です。植物は○○科○○属という分類体系を持っています。雑種は、同じ科に属する植物で、できるだけ属も近いものを掛け合わせますが、それもあまりにも近すぎれば交配させる意味がありませんので、交配可能な範囲で、できるだけ分類体系上、離れているもの同士を掛け合わせることになります。

甘い野菜と、日持ちする野菜というのは、形質的にはかなり遠い形質です。この二つを掛け合わせて、甘くて日持ちする野菜を作るわけです。これは決して新しい技術ではなく、従来までに多くの野菜が、掛け合わせにより生み出されてきました。その結果、できた新しい品種を雑種第一代といいます。一般的にはF１（first filial generation）と呼ばれています。

このF１には、出来るだけ遠くの野菜を掛け合わせた結果、メンデルの法則の優性の法則（現在は顕性の法則）が働きます。一つの遺伝子座に異なる遺伝子が共存したとき、形質の現れやすい方（優性、dominant）と現れにくい方（劣性、recessive）がある場合、優性の形質が表現型として表れるとされる法則です。この法則を巧みに利用し、Ｆ１という新品種を生み出す場合、形質をできるだけ揃える交配の方法を、種苗会社は編み出しています。

また、形質が違う二つの品種を掛け合わせると、雑種強勢の法則が働きます。これは、純系個体よりも雑種個体の方が生存に有利になる現象のことを言い、劣勢の有害遺伝子がヘテロになることで表現型として現れないことが原因と言われます。分かりやすく書くと、Ｆ１を作り出した場合、その新品種は、親の品種よりも生命力が高い、つまり病気にも強く、成長もよい種ができるということです。

この二つの法則により、交配種の種を使用すると、その作物は形質が揃い、発芽時期、生長速度、形、大きさ、味、収穫時期がほぼ揃い、かつ病気に強いので、農家は好んで、Ｆ１種を栽培するようになります。

現代の野菜はスーパーマーケットでの販売が多いのですが、スーパーマーケットでは、大きさや品質をそろえた野菜を好みます。そろっていた方が量り売りせずに済みますから効率が良く、値段も同じにできます。さらに小さく不格好な野菜などの売れ残りも出にくいということで、廃棄も少なく済むということです。そうなれば、農協も、卸も、仲卸も、統一された規格野菜の方が扱いやすいということになり、農家は加速度的に形や大きさ、品質のそろうＦ１を栽培することになります。これだけを聞いていると、むしろ好ましいことで、悪い点など見当たりません。

　しかし、問題はそのあとです。このＦ１から種取りをすると、雑種第二代、Ｆ２となりますが、Ｆ２では、メンデルの法則の分離の法則が働きます。分離の法則とは、Ｆ１において、両親から受け継いだ一対の対立遺伝子がそのまま受け継がれず、配偶子形成の際に分離してしまうことです。つまり、親の形質が受け継がれずに、親が持っている形質のどれが出るか分からないということです。この分離の法則が働くと、できた野菜の形質はバラバラになる可能性がありますから、バラバラになれば、農協、卸、仲卸、スーパーマーケットでも扱いにくくなります。さらに雑種強勢の力も弱まり、生長も悪くなることがあります。

メンデルの法則

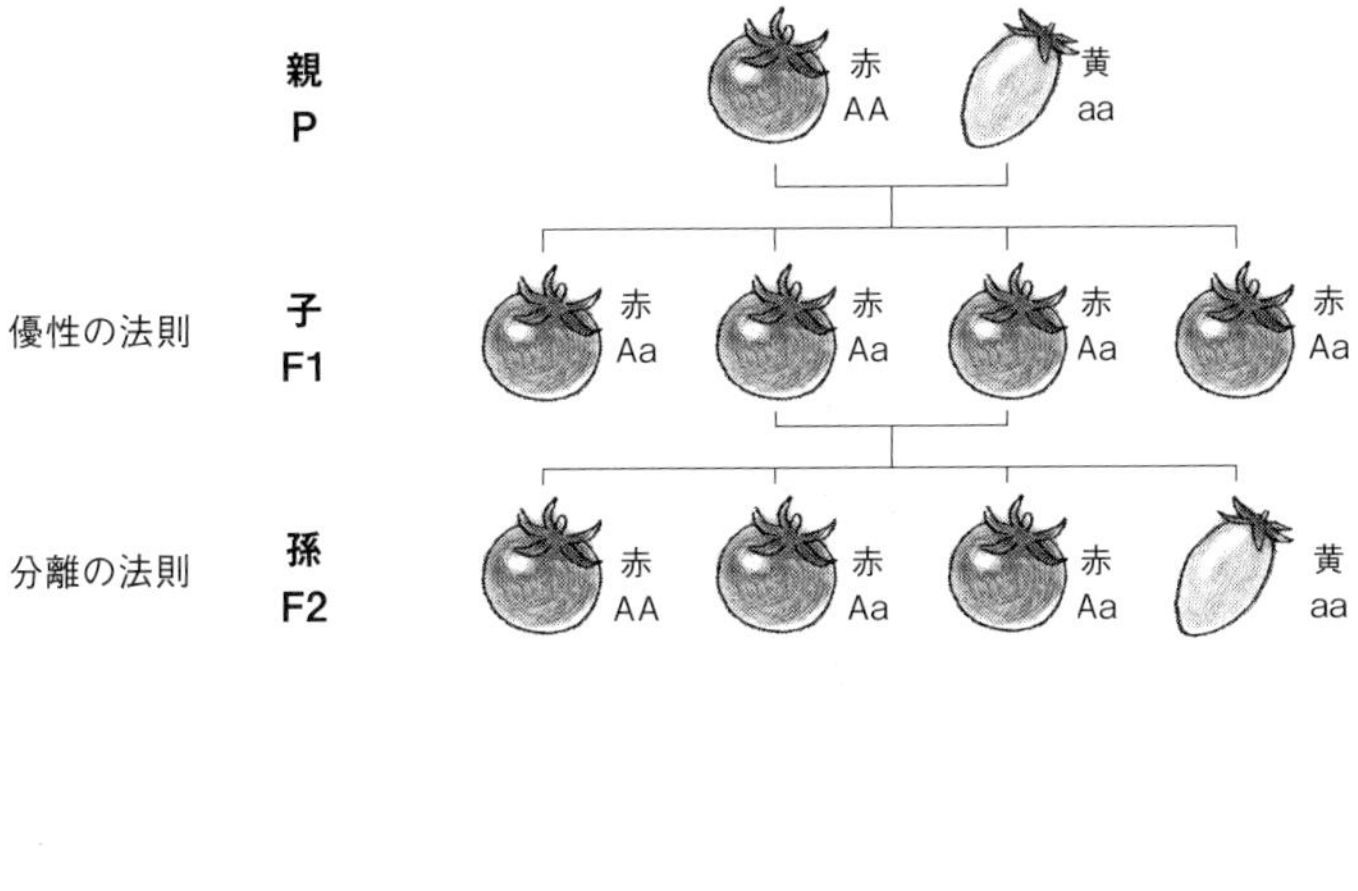

そうなると農家は種取りなどしません。「種を取っても、農協にも出せない、ロクな野菜にしかならない」となるからです。しかしながら、分離の法則が働くのが、本来は自然な状態です。人と同じく、全員が同じ性質を持つことがないのが自然です。ですが、植物としては自然な状態であっても、農家にとっては不自然な状態となってしまうため、誰も種取りをしないのです。種取りをしない農家は、種の権利については、あまり深く考えることはありません。種は種屋に作らせた方が、品質が良くなると思い込むからです。

こうして農家は種取りをしなくなりました。コメなどは、自家採種してしまうと、農協でも品種が不明になり、扱いにくくなるなどの理由もあり、ほとんどの農家で、現在は自家採種をしません。種の権利について無頓着になれば、企業が自家採種を禁止する契約を強いたとしても、あまり疑問に思わなくなります。

そのことが、結局は、自家採種禁止への動きに抵抗しない農家を増やしてしまうのです。

健康を害するおそれのある遺伝子組換え種子

１９９７年以来、日本には遺伝子組換え種子から栽培された作物が徐々に輸入されるよ

日本の遺伝子組み換え作物輸入量（2010年）

お米の生産量年間：800万 t

▶輸入トウモロコシ（1600万 t）のうち
➡1400万 t（88%）が遺伝子組み換え

▶輸入大豆（300万 t）のうち
➡280万 t（94%）が遺伝子組み換え

▶輸入菜種（240万 t）のうち
➡200万 t（84%）が遺伝子組み換え

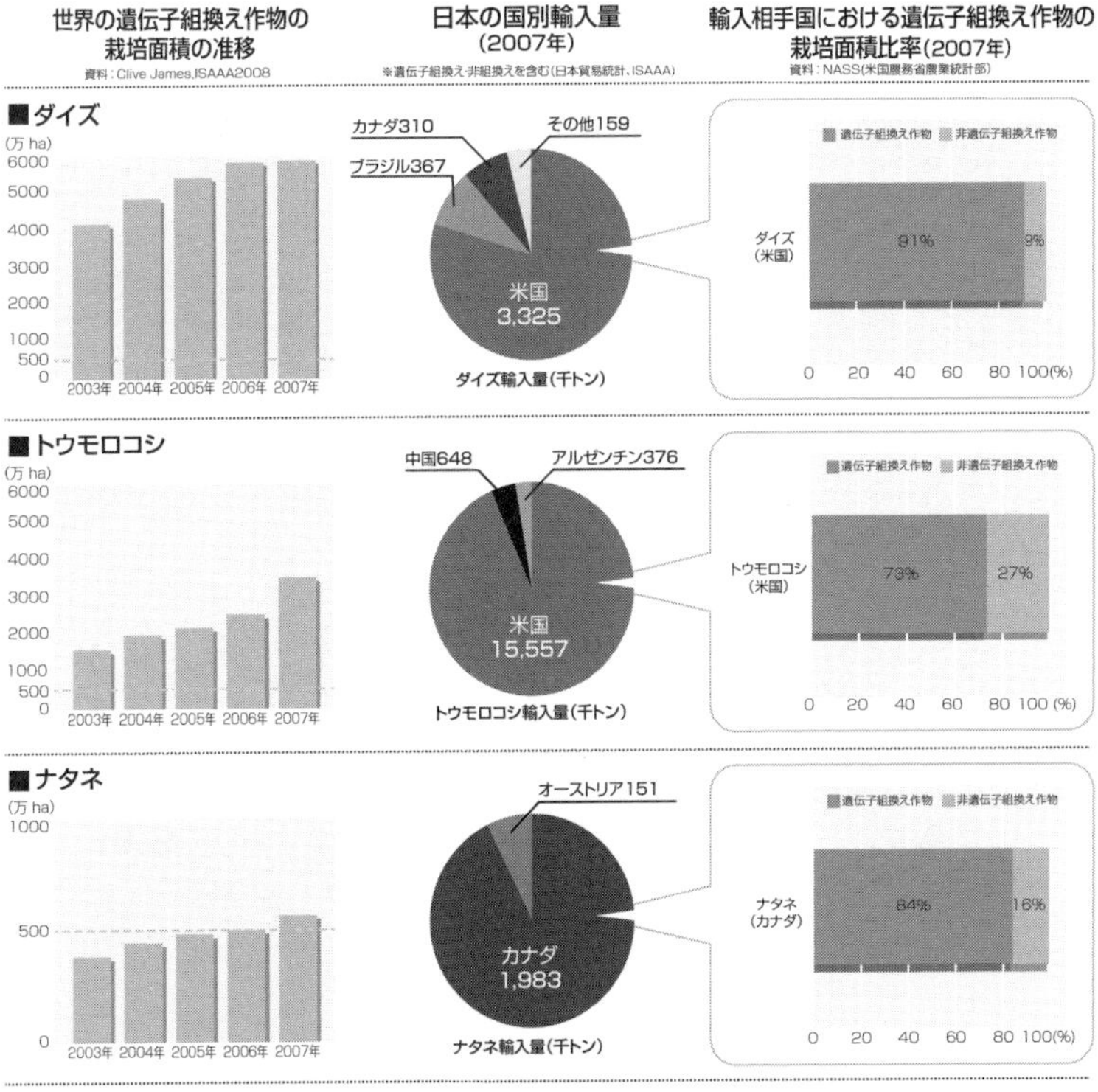

うになりました。１９９６年に初めて発売された遺伝子組換え種子がアメリカやカナダ、ブラジルなどで栽培され、その穀物の海外への売り先が、日本や中国、韓国だったからです。その後、どんどん遺伝子組換え種子から栽培された遺伝子組換え作物の輸入量は増え続け、現在では２０００万トンを軽く超えている状況です。日本のコメの生産量が８００万トンと言われてますから、その３倍近くの遺伝子組換え作物が輸入されているということです。

多くはモンサント社（バイエル社が買収）、ダウ・ケミカル社（デュポン社と経営統合し、ダウ・デュポ

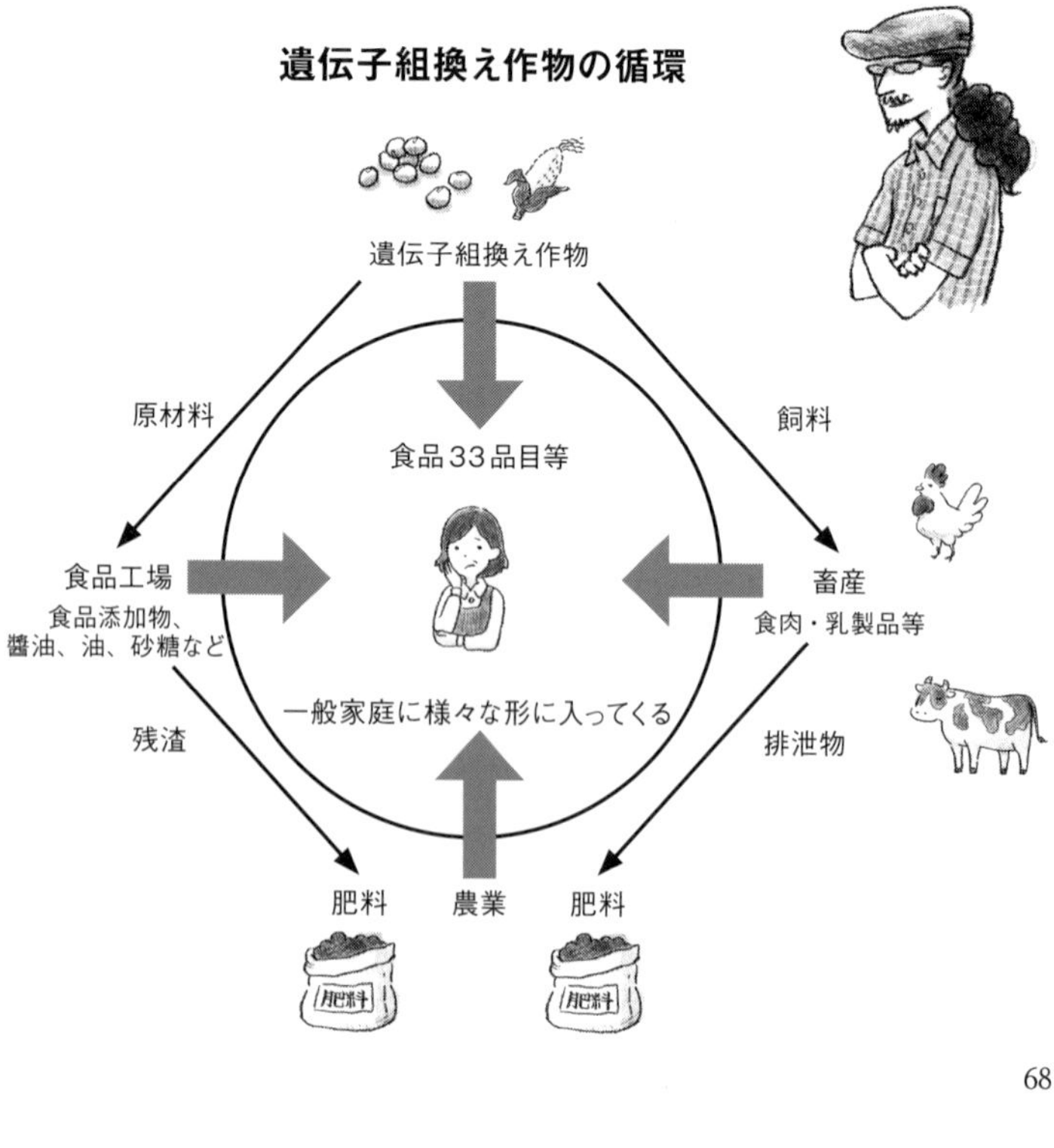

ン)、シンジェンタ社(中国化工が買収)などの多国籍バイオテクノロジー企業の種です。これらの企業の遺伝子組換え作物の輸入は、すでに135作物の使用が許可されており、承認件数も291件に登ります(平成26年度)。実際のところ、バラ以外は、日本では遺伝子組換え作物の栽培は実験以外では始まってはいませんが、栽培された作物の輸入量としては、世界でもトップクラスと言われています。

最も多いのがトウモロコシであり、家畜の飼料、異性化糖などの食品として利用され、次に大豆で、やはり家畜の飼料や乳化剤などの食品です。

二つの遺伝子組み換え技術

夏場の大豆は草とりが重労働!	虫食いにより収量激減!
除草剤耐性	**殺虫生**
除草剤を撒いても枯れない作物	虫が食わない作物(Bt毒素を生成する)
除草剤を散布	虫は葉を食べる

雑草は枯れて、GM作物だけが生き残る	消化器科が破壊され、虫が死ぬ
除草の手間が省ける?	殺虫剤が減らせる?

その他、菜種は油として国内に出回っています。それらのほとんどは、表示義務を逃れており、遺伝子組換え食品と表示されることはありません。逆に言うと、食品表示が必要なものには使用されず、ほとんどが表示義務のない食品へと流れていると言うことです。

遺伝子組換え作物は、僕が思うにはとても不自然な作物です。なぜなら、穀物の遺伝子の中に、バクテリアの遺伝子や虫の遺伝子が組み込まれているからです。交配種であれば、分類体系上近いものを交配させて生み出しているのですが、遺伝子組換え作物は、穀物とバクテリアを掛け合わせたようなものですから、自然界では絶対に起こりえない交配種となります。

遺伝子組換え作物には、現在大きく分けて二系統あります。もちろん、それ以外の系統もたくさんありますが、主に日本に入ってきているのは主に二系統です。その二系統の一つめは、除草剤に耐性があるもの、二つ目は防虫性があるものです。これを聞いただけでも、不自然な印象を受けると思います。

まず、一つ目の除草剤耐性ですが、アメリカやカナダ、ブラジル、オーストラリアなどの穀物大国では、大規模な面積で穀物を栽培します。日本のように20ｈａの耕作面積というのは稀で、大きな農場では２０００ｈａや４０００ｈａと言います。１ｈａは３０００坪ですから、２０００ｈａは、６００万坪、東京ドーム５００個分ということです。これだけの広大な耕作面積で穀物を作る場合、雑草処理には大変な労力が必要になります。端から順番に大量の労働力で草刈を行っても、終わるころには刈ったところから順番に生えてきます。コスト的にも時間的にも不可能な広大な面積です。そこで、特定の除草剤に耐性のあるタンパク質を作る遺伝子を組み込むことで、除草剤がかかっても枯れないような穀物に品種改良してしまいます。除草剤をかけても枯れないのですから、空から除草剤を撒布すれば、雑草だけ枯れて、穀物は残ります。一日中、セスナやヘリコプターを飛ばし、空から除草剤を散布すれば、雑草だけが枯れて、作物は生き残ります。これにより大幅に雑草処理のコストや時間を節約することができるわけです。

もう一つの防虫性ですが、穀物はコクゾウムシや蛾の幼虫などの虫に食われやすい作物です。大豆やトウモロコシは、虫に食われれば、その分は出荷できませんので、分別しなくてはならず、虫食いが多ければ多いほど、収量は減ってしまいます。そのために殺虫剤を大量に撒く必要が出てきますが、もし穀物自身が殺虫成分を持っていたらどうでしょうか。コクゾウムシも蛾の幼虫も作物を食い荒らすことがありません。食べれば死んでしまうのですから。そこで、特定の虫を殺すＢｔタンパクと言われる毒素を作り出す遺伝子を組み込み、穀物自体を殺虫剤にしてしまおうと考え、それを現実のものにしました。なんとも驚く発想です。

このように、二つの「機能」を、遺伝子を組換えることで持たせたわけです。これには多くの農家が飛びつきました。アメリカは、遺伝子組換え穀物を作る農家には手厚い補助金を支給して栽培する農家を増やし、カナダやオーストラリア、ブラジルなどでも、その機能をアピールし、多くの農家が飛びつきました。しかし、よく考えてください。除草剤に耐性があるため、今までは穀物には除草剤をかけてこなかったのに、遠慮なく散布することになります。つまり、穀物の中に、除草剤成分が残留するということが起きたわけです。しかも、空中から散布しますから、畑の近隣の民家でも、健康被害が出始めます。

さらには殺虫成分を持つわけですから、これも穀物の毒性を高める原因となります。虫も食わない穀物を作ることで、一面では殺虫剤の使用は減りますが、作物の中の殺虫剤成分はむしろ増える可能性があります。撒いた農薬は分解しやすいですが、遺伝子が作り出したタンパク質は、そう簡単には分解しないからです。

このように、毒性が高くなった遺伝子組換え作物を食べることで、健康に被害がでるという研究結果も出始めました。特にイギリスやロシア、フランスなどから、様々な研究結果が発表されています。

ロシアのイリーナエルマコヴァ氏の研究では、遺伝子組換え作物を食べたラットの55%は、死産または未熟児を生むようになるとの結果を発表しています。フランスのセラリーニ博士は、遺伝子組換え作物を食べたラットの雄の50%、雌の70%が何らかの原因で早死にするという結果を出しています。雌は乳がんが多く、雄は肝臓や腎臓の障害で死亡します。こうした結果から、ロシアやヨーロッパの一部では、遺伝子組換え作物の輸入をストップしています。しかし、日本では安全性が確かめられたとのことで、ほとんどが止められることはなく、輸入しています。そして、私たちの食卓に間接的に上っているのです。

こうした健康被害が騒がれている遺伝子組換え作物ですが、この遺伝子組換え作物を作る元になる、遺伝子組換え種子には、実は知的財産権である特許が与えられています。これは、本来自然界では起きえないことを、研究機関の遺伝子工学技術で生み出したという事実を受けて、特許を与えるに足りると判断されたからです。確かに、技術的には高度であり、かつ研究費用もかなり高額ですから、知的財産権を与える必要があると思われるかもしれません。しかしながら、本来、生物には特許は与えないというのが、世界的な認識でした。生物を作ってきたのは自然界であり、その自然界が作り出した穀物に遺伝子を組み込んだことで、作物自体に特許を与えるのはおかしいという認識です。

遺伝子組換え種子を開発した企業は、その種を自家採種した農家を相手取って、多く特許侵害の訴訟を起こしています。北米では500以上の訴訟が起こされているのが現実です。特許は遺伝子に与えられたものであり、作物自体に与えられたものではない。同じ手法で同じような作物を遺伝子組換えで生み出すのは特許侵害であるが、その作物を自家採種することは特許侵害に当たらないとするのが、農家側の主張であり、僕も同様の意見です。

もともと、遺伝子組換え種子企業が、生物的特許の所管を世界貿易機関（WTO）に移管するように求め、それが認められた時から、この特許問題は発生しています。このWTOで遺伝子組換え種子に特許を認める判断をしたために、WTOに加盟する国全てに対して、特許を主張するようになったのです。これに対し、多くの国で訴訟になりましたが、特許を認めないと判断した国もあります。2015年10月にはオーストラリアの高等裁判所は、天然に存在する遺伝子は特許されないとの判決を下していますし、欧州特許庁は、ヒト胚の破壊を含むプロセスに対して付与することはできないという審決を下しています。2013年6月に米国最高裁判所によって、天然に存在するDNA配列は特許の対象外だと宣言しています。

このように、生物や遺伝子配列には特許を認めないという判断も多い中、今でも遺伝子組換え種子の特許は有効であり、日本でも当然のごとく、遺伝子組換え種子の自家採種は特許侵害になるとして禁止されています。ただ先に書いたように、2018年現在、日本には大量の遺伝子組換え作物は輸入されていますが、遺伝子組換え種子を使用した栽培は、バラのみが行われており、穀物に関しては、実験以外は行われていません。
農林水産省では、トウモロコシ、ダイズ、セイヨウナタネ、ワタ、パパイヤ、アルファルファ、テンサイ、バラ、カーネーションなど、9作物の118品種の一般圃場での栽培を許可していますが、地元農協や生産者の反対により、栽培されてはいません。

固定種、在来種という過去からの伝承

交配種、特に雄性不稔性の種による、ミトコンドリア異常種子、あるいは、遺伝子組換え種子による特許の問題。こうした問題が多い中、昔から地域の人たちの手によって繋がれてきた種。こうした種を在来種といいます。在来種は、その地域の気候、土を全て記憶しており、交配種のような雑種強勢や優性の法則を利用せずとも、病気に強く、味も良い野菜や穀物に進化しています。

地域の伝統的な野菜については、warmerwamer の高橋さんとの対談の中でご紹介していきますが、そうした伝統野菜を繋いでいくことが、私たち農家の本来の務めです。もちろん、1億3千万人の国民を支えるだけの野菜や穀物を作るのは、農家の使命でもあり

ます。ですから、交配種がいけないということもありませんし、農薬や肥料が悪者ということでもありません。しかし、外来種の野菜が増えてきてしまった現在、大切に守ってきた在来種を作り続けることも必要です。こうした種が消えてしまえば、二度と口にすることはできません。地域の気候を覚え、土を覚え、そして地域の人の味覚に馴染んだ在来種は、誰の権利のものではありません。国民全員の権利であり、誰でも種取りをしてよい種です。

もちろん、その品種を名乗るためには、他の品種と交雑していないことが必要ですので、種取りは慎重に行わなくてはなりませんが、少なくとも、特許によって自家採種が禁止されることもありませんし、種取りをして形質が大きく変わることもありません。固定種は、種苗会社が、形質が変わらないように、他の品種との交雑に気をつけて種取りをしながら守り続けている種です。この固定種も、日本国中の地域で栽培し、種取りを続ければ、地域の気候や土を覚えますので、強くて味覚に合う野菜に変わっていきます。

私たちの命は種から始まっています。動物であろうが植物であろうが、全ては種から始まり、種でつながってきました。だからこそ、次世代に繋げられる種での栽培をし続ける必要があるのです。

固定種野菜

野口 勲×岡本よりたか　対談

種は命を繋ぐ

僕は交配種を全て悪いとは考えていません。増えつつある人口の食料を支えるために、人の知恵を結集して開発されてきた、機能性種子です。しかし、交配種は問題点も多い種です。その交配種を一切排除し、固定種のみを扱う、今どき珍しい種屋があります。

8月のある日、その固定種を専門で扱う「野口のタネ（野口種苗研究所）」を訪問しました。川と緑に囲まれたそのお店に、主である野口勲さんが、僕らの到着を待っていました。野口さんとは、鼎談本や講演などでご一緒させていただいておりましたが、今回はじっくりと、種と命について、お話をお聞きしました。非常に興味深い内容です。

固定種とは何か？交配種とは何か？

岡本 野口のタネでは固定種しか扱っていませんので、僕ら自家採種をする農家としては、とても重宝させていただいていますが、固定種と交配種、この違いを、種屋さんの視点からお話していただけますか？ また栽培においても、固定種と交配種はかなり違う面があるのを実感していますが、その点についてもお伺いできればと思います。

野口 どこまで喋るかっていうのが非常に難しいんだけどね（笑）。本当は非常に難しい話なんですよ。

固定種というのは、昔からの種ですから、これは何も説明はいらない。それに比べて、今のほとんどの人が食べているのは、交配種です。交配種というのは、雑種強勢《ざっしゅきょうせい》という性質を利用して改良した品種です。生き物は雑種になると一代だけは生命力が旺盛になって、早く生長したり、収穫量が増えたりするんですが、この交配種を一代雑種、あるいはF１（first filial generation）と呼びます。今の日本の農村人口は270万人から280万人といわれていますが、それが1億2600万人の国民の食材を作るためには、F１が欠かせない。昔のホウレンソウなどは、9月のお彼岸過ぎに種を播いて、お正月頃に食べるもんだった。3か月から4か月かかってできたものが、今のホウレンソウはF１になってから、1か月で同じ大きさにできるようになった。

これでないと国民を食べさせていけないわけです。そのかわり、味は最悪。紙を食ってるみたい。同じ大きさになるのに4か月かかるものと1か月でできるものが、栄養価も味も同じわけがないでしょう。

岡本 確かに、F1は生長が速く、大きいので、農家には好まれますね。それは、品種の組み合わせで、強さというのが変わっていくものなんですか？

野口 いや、雑種強勢の力で大柄になるんです。それともう一つF1の特徴があって、それがメンデルの法則。雑種強勢とメンデルの法則がごっちゃになっている人がほとんどだけど、雑種強勢はダーウィン以前から分かっていたことで、雑種になると生き物は大柄になったり生育が早まったりするということで、たいていの生き物でそういうことが起こる。それに対し、メンデルの法則というのは、メンデルが1865年に発表した遺伝法則で、雑

岡本よりたか

種の1代目には両親それぞれの対立遺伝子の優性（現在は顕性）形質だけが現れて、劣性（現在は潜性）形質が隠れちゃうというもの。それを種屋は、「F1は、両親の優れたところがでるからいいんです」という話をするんですよ。しかし、本来は優れた形質という意味ではなく、子に優先的に現れる形質という意味なんですけどね。

岡本 農家の人もみんなそう言いますよね（笑）。

野口 だって種屋がそう言うから。優性・劣性の法則という言葉が日本で100年以上使われてきたんですが、オーストリア人のメンデルがドイツ語で書いた「雑種植物の研究」という論文の中にあるドミナント（dominant）という言葉を日本語に訳したときに、優先的に出る形質を「優性」と訳してしまったんです。そして対立するリセッシヴ（recessive）を「劣性」としてしまった。それで優れた形質と劣った形質と誤解されてしまってい

野口 勲

るんです。

あまりにも誤解が多いということで、2017年の9月、日本遺伝学会は、「優性」をやめて、子どもに現れるという意味の「顕性《けんせい》」とし、現れないほうを、潜っちゃうという意味で「潜性《せんせい》」とした。でもこの潜性は、F1同士を掛け合わせてF2を作ると、また出てくるんですけどね。

つまり、F1というのは、両親のある一部のこれを現したいという形質を、どんどん遺伝子の中に組み込んで、最後に掛け合わせた時に現れるように、人間に都合のいいように計算して作っている訳です。

F1は、まずは雑種強勢が一番の目的です。品種改良をして収量を上げるということ。そして、二番目の目的がメンデルの法則。形や大きさの揃いが良くないと、特に日本の市場《しじょう》は受け付けてくれない。規格が前提ですからね。箱の大きさが決まっていて、その箱にきちんと入っているものしか受け付けてくれない。そういう品種にするためにメンデルの法則で、顕性だけが現れる技術を使うと、一代限りだけど同じ形になるわけ。そうやって、流通に都合がいいものを作る。そのかわり、形がよくて生育も早まる代わりに、味は二の次で、よくない。

岡本　味が悪いということはミネラルの吸収量が少ないということですね。野口さんの講演で、固定種と在来種という言葉をお使いになりますが、分けて使っているんでしょうか。

野口 固定種という言葉は、まだ辞書には出ていません。あくまでも種屋の業界用語です。在来種という言葉の方が一般的には分かりやすいんだけど、在来種というのは、先祖代々がずうっと種を採ってきた品種ということ。ところが農家は、大体がメンデルの法則も知らなければ、植物には自家受粉性の植物と他家受粉性の植物があるということすら知らないから、種を採っているうちにいつの間にか交雑したり、先祖返りしたり、選び方もいい加減だったりするから、バランバランになっちゃうわけですよね。「ひい爺さんの代から、うちで作ってます」といっても、ひい爺さんが採っていた種と全然違う物になってしまっている。だからそれを本来の性質はこうだったはずだ、品種はこんな恰好をしていてこういう物なはずだというのを知っている人がいて、種屋が遺伝子を固定するんです。これを固定種と言います。

岡本 僕ら農家が繋いでいる種が在来種、種屋が遺伝子を固定したのが固定種という使い分けですね。僕らのように自家採種を続けていると、確かに形質はどんどん変わっていきますね。

野口 環境の変化に合わせた馴化《じゅんか》もあるけれど、だいたいが交雑なんですけどね。特に日本の野菜は、アブラナ科をはじめとして他家受粉性が強くて交雑しやすいんですよね。特にアブラナ科は、自分の雄しべの花粉では種を付けないというくらいに、自分の花粉を嫌がる性質が強いから、他の花粉を喜んでもらっちゃう。そうすると、どんどん訳の分からないものができる。その訳の分からないものが、その土地に残る。それが地方野菜を生んでゆくことになるんです。

岡本 地方地方によって、色んな菜っ葉やカブが、在来野菜や伝統野菜として残っていますが、それも、元々はその地域内で交雑して形質が変わっていった結果なんですよね。

野口 最初はどこかから種がやってきて、おばあちゃんが嫁いでくる時に自分の家からもらってきたとかというところから始まるんだけれど、それがその土地の菜っ葉と交雑したり、カブ同士が交雑したりして、訳が分からなくなって、そしてまた新しいものが生まれるんです。

岡本 ところで、僕らはなるべく固定種を増やしたいと思っているんですけど、固定種は市場ではねられる可能性が増えます。だから固定種が広がらないのですが、その解決策はあると思いますか？

固定種の多様性と安定性

野口 解決策はないですけど、固定種の良さというのがあって、多様性が維持できる。固定種というのは、同じ品種でも一袋に2000粒の種が入っていたら2000の個性がある。植物は子孫を残すために生きている訳で、食われるために生きている訳じゃない。全部が同じ性質だったとしたら、異常気象などで全滅しちゃって子孫が残せない場合も発生する。固定種の場合は、同じ両親から生まれた子どもでも、マセた子どもが生まれたり、のんびりした子どもが生まれたりして、早く育つのもいたり、遅いのもいたりするから、どれかが子孫を残せる。F1の場合は、家庭菜園で一斉に大きくなると、収穫時期を逃して筋ばっちゃって食べられなくなるから、近所中に配ってまわったり、子どもたちに段ボールに入れて送ったりするわけだけど、固定種の場合は大きくなった順に収穫していくから、一度種を播けば何か月も収穫ができる。だから家庭菜園には一番向いてます。味もいいしね。

固定種とＦ１の種の採り方の違いを言うと、固定種の場合は算数でいうと最大公約数みたいなもので、例えばカブだったら、何千何万と種を蒔いてその中から形の悪いのだけ引っこ抜いて、ある程度の形に育ったものを集めて、植え付けて花を咲かせる。カブは自分の花粉では種を付けないので、一株では種が付かないわけ。だから何千という同じカブ同士で、自然界の虫の力で花粉をやりとりさせて、種をつけさせるんです。固定種の品種というのは、「だいたいこんなもの」という感じで平均的な形や大きさで揃えていきます。

そこへいくと、Ｆ１のカブは何千何万の中から、形などの良いものをたった一株だけ選んで、そのクローンを作っていく。カブの自分の花粉を受け付けない性質は、成熟して開花した菜の花に起こる現象で、幼い蕾《つぼみ》の時には自分の花粉を認識する能力が生まれてない。だから、幼い蕾を無理やりこじあけて、最初に咲いた花の雄しべの花粉をその蕾に付けてやると、雄しべも雌しべも同じ遺伝子のクローンみたいな子どもができる。

最初は朝から晩まで蕾を開いては花粉を付けるということをやった。そうやって、たった一粒のクローンを、何千何万何億と作るわけ。そして、そのカブの横に、同じようなクローンの菜っ葉などを栽培してやると、この菜っ葉も自分の花粉では種をつけないから、カブの花粉で種をつける。カブはカブで菜っ葉の花粉で種をつける。こうして菜っ葉とカブの2種類のF1の種ができる。親は二系統あるけど、それぞれたったひとつのクローンから始まったので、ある時、その一株ずつの親が耐性をもっていない病気が蔓延すると、全滅しちゃうわけです。

岡本 クローンだと遺伝子は近いですからね。ウィルス病などは蔓延してしまいますね。

野口 うん。そこへいくと固定種の方は、どんな病気が入ってきても、どれかが生き残って子孫を残す。免疫力を子孫に伝えていく。そうやってまた新しい品種が生まれてくる。

岡本 それが多様性ですね。

野口 そうです。

岡本 そういった意味では、F1は非常にリスクが高いですよね。特に今みたいな異常気象の時にはね。

野口 その上、F1の種採りは、みんな海外に依存しちゃったからね。そうすると、海外からどんな病気が種と一緒に入ってくるかわからないから、入ってきた種を全部消毒して、へんな色をつけて、「消毒しましたよ」として売っているわけです。

雄性不稔に危険性はないのか？

岡本 安定を求めるがために不安定なものを作り出しているということですね。そのようにして改良されてきたF1ですが、交配の仕方によっては、当然、人間に対して危険性があると僕は考えています。人間だけではなく、蜜や花粉を集めるミツバチや虫たちにも何かしらの影響があると考えているのですが、野口さんはどのように考えていらっしゃいますか？

野口 一粒のクローンを無限に増やして、クローン同士を掛け合わせるというのは、自家不和合性《じかふわごうせい》というものをつかったF1なんだけれども、これは日本で生まれた技術で、この技術を使った日本のキャベツやブロッコリーなんかがアメリカを席捲したわけですよ。当時のアメリカは、アブラナ科のF1技術をまだ持っていなかったから。

岡本 いつぐらいの話ですか?

野口 昭和40年頃ですね。

やがて、アメリカで発見された雄性不稔《ゆうせいふねん》という技術が広まって、これが世界の標準技術になっちゃったわけ。いわゆる「アメリカン・スタンダード」が「グローバル・スタンダード」になった。そして、日本が海外に採種を頼むようになった。そのとき、今までの日本オリジナルの技術である自家不和合性でつくったF1の両親を渡して、「これは自分の仲間うちでは花粉が付いても種が実らなくなったものです。これとこれを交互に畑にまいて…」なんて言っても、海外にはそんな技術はないから、指示通りのことを受け付けてくれない。一時期は、日本のアブラナ科野菜は炭酸ガスを使って受粉させていたけど、自家不和合性利用に変わりはないから海外は相手にしてくれない。それで現在では日本のアブラナ科野菜をひとつずつ雄性不稔にして、海外に採種を頼んでいるという状況になったんです。

この雄性不稔が危ないんじゃないか?と、僕はいっているわけです。

岡本 雄性不稔、いわゆる男性不妊と置き換えられる技術ですが、聞いたことのない方が多いと思います。雄性不稔とはどういうものかを、簡単にお話いただけますか。

野口 ミトコンドリア遺伝子が異常になったものです。

岡本 生命の起源、根源の部分ですね。

野口 ミトコンドリアというのは、ひとつの細胞の中に何百何千とあるんです。ひとつのミトコンドリアの大きさが、砂粒ひとつの大きさの中に1億個入るというくらい小さい。そんな小さいミトコンドリアのそのまた中の遺伝子がどうやら複数あるらしいといわれているけど、その中にある遺伝子が一か所異常になると、子どもが作れなくなります。ようするに、男性機能がなくなっちゃう。動物でも植物でも同じ。植物だと花粉がなかったり、花粉があっても受粉させる能力がなかったり。雄しべがないのが一番わかりやすいんだけど、動物でもマウスなどでミトコンドリア遺伝子が異常になると、男性機能がなくなって無精子症になります。

岡本 自家受粉植物の場合、雌しべが自分の雄しべの花粉で受粉するので交配種が作れない。だから、雄しべが成熟する前に、雄しべを引き抜く除雄という作業をしていたのだけど、その作業が面倒なので、最初から雄しべのない株を使うということですね。

野口 うん。雄しべのない株をみつけると、これは便利なものが見つかったというので、その個体が母親に使われて、別の花粉で種をつける。ミトコンドリア遺伝子の異常は母系遺伝なので、すべての子どもに伝わっていく。だから例えば、今お店で売っているF1の大根を頭だけ残して秋に土に埋めといて、春に花を咲かせてみると、みんな雄しべがない。つまり種を付けない。そんな雄性不稔の野菜ばかりを、世界中の人間が食べているんです。

岡本 ミトコンドリア異常の野菜を食べることになるわけですね。そもそも種を付けない野菜が美味しく安全なわけがない。

野口 だから危ないいんじゃないの？と言ってるんです。小さな小さなミトコンドリアの中の遺伝子のひとつが狂っただけで、そうなってしまう。こんなものばかり食べてたら、おかしくなると思うけど、そんなことを言っているのは世界中で僕一人だけなの（笑）。

岡本 雄性不稔を食べ続けたらどうなるかという研究は？

野口 世界中の科学者の誰ひとりやっていない。

岡本 初めから安全だという前提でやっている？

野口 アメリカのやることがグローバル・スタンダード。アメリカで始まった技術は素晴らしいということになっているから、日本の農水省も厚生省も誰一人として調べようと思っていない。

岡本 雄性不稔というのは、たまたまみつかった突然変異なわけですが、今後は人間がそれを意図的に作っていく時代になっているのですか。

野口 日本では、小瀬菜大根《こぜなだいこん》という葉大根から雄性不稔が見つかったのだけど、アメリカではラディッシュ（二十日大根）でみつかったの。その大根の雄性不稔株に、キャベツなどの花粉をつけてF1をつくり、それを「戻し交配」や「細胞融合」という技術で、ミトコンドリア異常の品種を増やしていった。子孫を作れないラディッシュのミトコンドリアを取り込んだキャベツやブロッコリーやカリフラワーは、今やアメリカ中で食べられているし、日本を含めて世界中でその種を輸入しています。

岡本 人口減少と関係あるんですかね。そう感じますが。

野口 勘ぐらざるをえないんだけどね。

岡本 虫とかミツバチが花粉をつけますけど、それらに影響あると考えるのが妥当だと僕は思うのですが、いかがでしょう。

野口 たぶんあるから、アメリカでＣＣＤ（蜂群崩壊症候群）が起こったんだろうというのが僕の仮説なんだけどね。仮説でしかありませんが。

岡本 ミツバチ大量死事件の原因はネオニコチノイド系農薬の可能性があるというのが世界の定説になりつつあるようですが。

野口 ネオニコチノイドという農薬は、1990年代に日本の住友化学が作った農薬なんです。アメリカで起こっている、巣箱から働き蜂がみんないなくなっちゃう現象は、1960年代から20年ごとに起きています。

岡本 そんな前ということは、農薬は関係ないですね。

野口 ええ、20年ごとに繰り返して起きていると、アメリカの養蜂家で生物学者のランディ・オリバーさんが言ってます。ネオニコチノイドのかかった植物をミツバチが舐めた場合は、巣箱のまわりで黒山のようになって死んでいる。しかし、アメリカで起こったCCDは、巣箱のまわりに死骸がない。

岡本 飛び立った働き蜂が戻ってこなくなる現象ですからね、CCDというのは。

野口 ひとつの巣箱には3~5万の働き蜂がいるんだけど、これが女王蜂と数匹の蜂を残して、全部いなくなっちゃうということが、アメリカで起こっている大事件。

岡本 日本でも、ミツバチがいなくなる現象は起きているようですが、明確にCCDと断定できる事例はあまり聞きませんね。

野口 玉川大学ミツバチ研究所では「日本では起きていない」と断言しています。アメリカで蜂群崩壊症候群が20年に一度起きているのはなぜかと考えると、女王蜂の遺伝子に何かが起きているんじゃないかと思うんです。女王蜂は2年生きるんですよ。働き蜂とオス蜂は1年の命。女王蜂が無精卵を生むとオス蜂になります。そのオス蜂から精子をもらって有精卵を生むと、全部がメス蜂になり働き蜂や次の女王蜂が生まれる。もし、女王蜂に10世代かかって蓄積された何かが、20年目に生んだ子どもに影響して、無精子症のオス蜂が生まれたのだとしたら。

働き蜂は全部メスですから、メスの働き蜂たちは、100万年とも一説には500万年前とも言われていますが、その当時から進化せずに同じことをやり続けている。このメスの働き蜂が待望している男の子が無精子症だったら、この巣箱というコロニーには未来がないわけですよね。未来のないコロニーに絶望して、メスの働き蜂たちが一斉に巣箱を見捨てて、虚空に飛び去ったんじゃないかというのが僕の仮説なんだけどね。

岡本 なるほど。その推論は野口さん以外からは聞いたことがありません。

野口 でも、聞くと、有りうるかもしれないと思うでしょ。

岡本 可能性としてはかなり高いと思います。

野口 だから僕の話を聞くと、「うーん、あるかもしれませんね」とみんな言うんですよ。でも学者は誰一人として信じない、というか、学者はそんなことを認めたらまずいんです。

岡本 世の中はフラクタルにできていますから、虫の世界で起きたことは、人間の世界でも起こりうると考えられる。

野口 1944年に世界最初の雄性不稔のタマネギの種が売り出され、それから20年目の1960年代に、蜂群崩壊症候群が始まった。

岡本 サイクル的にあうわけですね。僕は農家として気になるところですが、どれが雄性不稔の種かを見分ける方法はありますか?

野口 ありません。ただ、F1のタマネギは、全部雄性不稔です。ネギもそう。ネギは中国から日本に伝わった野菜だけど、ネギにも雄性不稔があるはずだといって探したら、日本でたった一株みつかった。これを大手の種屋が買いとってから、日本中のネギが雄性不稔になった。

岡本 手塚治虫の漫画に出てきそうな話ですね。ネギやタマネギの他にも、ジャガイモもそうだと聞きましたけど。

野口 ジャガイモは男爵が雄性不稔。男爵は花粉がないから、父親にはなれない。母親にしかなれない。だから、男爵の子どものメイクイーンやキタアカリはみんな雄性不稔。雄性不稔のミトコンドリア異常というのは、母親から全ての子どもに伝わるから、売っている男爵やメイクイーンやキタアカリは全部雄性不稔。

岡本 男爵なのに雄になれない(笑)砂糖の原料でもある甜菜《てんさい》もそうですね。

野口 そう。50年以上前に、アメリカの甜菜の育種家が、US‐1という在来種の広大な畑の中から、たった一つの雄しべのない株を見つけた。そして今、それが世界中の人が食べている砂糖の原料になっている。たった一株のミトコンドリア・イブが、全ての子孫の甜菜たちに伝わっている。

岡本 じゃあもう、雄性不稔じゃない甜菜は、絶えてしまったということですか？

野口 売れないから作らないし、種が手に入らない。

岡本 野口さんのところでも？

野口 雄性不稔じゃない甜菜の種を買おうといったって、売っているところがどこにもない。以前に、何とか手に入れようと、そこらじゅうの種屋さんに聞いたけど、ありません。みーんな雄性不稔のF1に変わっちゃった。産地が作らないものの種は売れない。一部の人の好みのためだけに、そんな無駄なことはできない。

岡本 これは、世界的な流れと考えて良いでしょうか。

野口 そうです。アメリカから生まれたから、グローバル・スタンダード。品種改良して生産率をあげて、収穫量の増える作物を作っていく。今、世界人口は70億だけど、やがて100億になった時に、みんなが食べられるためには、品種改良が必要だと主張する人たちがいるんですよ。でも、人口が増えているのはアフリカ大陸だけですからね。他のところは、アメリカにしても南米にしても、ヨーロッパ、アジア、すべてで人口が減っている。子どもが産まれなくなっている。自然のものを食べているアフリカ大陸の子どもたちだけが増えている。

岡本 そうですね、先進国と言われている国の人口は減っている。であるのに、遺伝子組換え種が必要だと主張するバイオテクノロジー企業が多い。

野口 だから今、一生懸命、遺伝子組換えの種をアフリカに売り込んでいるでしょ。ヨーロッパはほとんどの国が「やだよ」と言っているから。だから余ったものをアフリカに送り込もうとしている。

岡本 ともすれば、アフリカの人口も減るかもしれませんね。

野口 分かりません（笑）

種子法廃止と種苗法改正　その本当の問題点はどこにあるのか？

岡本 とても大切なことですが、野口さんは、種屋として、採種の権利、つまり自家採種の権利についてはどう考えていますか？ぜひ、お聞きしたいと思います。

野口 誰も権利を持っていない種は自由です。主要農作物種子法、略して種子法ともいうのだけど、対象となるのは主要農作物であるコメと麦と大豆です。そしてこの法律は行政法ですから、国民には一切関係がない。種子法は、国が都道府県に「こういうことをしなさい」と命令する法律だったんですね。だけど農水省をはじめとして、国がコメの政策による赤字で参っちゃって、これ以上赤字を増やせないので、種子法を廃止することによって自由にコメを作れるようにしましょうということにしたんです。今までは種子法があったために、都道府県が決めた推奨品種や奨励品種を、都道府県が農協に種取りを頼んで、農協が種を増やして組合員に販売していていた。農家が欲しい品種と面積を申請すると、農協は必要な分の種もみを売ってくれた。農協は農薬と化学肥料を売るためにできた組織だから、それらを使用することを前提としてコメを農家に作らせてきた。そして農協は、その種もみでできたコメだけを買い上げて、日本中の米屋に卸してたわけだ。このシステムに頼っていた都道府県の職員は、その地域の農村に君臨していたわけですよ。それが、種子法がなくなると、まずは国の予算がなくなる。そうなると、自分たちの居場所がなくなっちゃう。都道府県の職員と、その指示に従って種もみを作ってコメの生産流通を独占していた農協も困っちゃやっているわけです。だから今、都道府県の職員と農協は、「種子法を廃止したら、アメリカから遺伝子組換えのコメが入ってきて、日本人の健康や食が脅かされる。大変だ！大変だ！」と言っている…

そんなことになるわけがない。だいたい日本人はコメを食わなくなっている。コメが生産過剰になっている。おまけに種子法の廃止の前に、減反政策をやめたから、コメは自由に作れる。そうすると、ますますコメが余る。そんなもののためにアメリカが何億も何十億もかけて、わざわざ遺伝子組換えの米を作って日本に売りますか？売ったって買い手がないでしょ？

まぁ、入ってきても食わなきゃいいんですけどね。

岡本 そこは僕も同じ考えです。食管法や種子法とか減反政策や奨励品種制度があったから、逆に、自然栽培農家とか自然農法家などは、コメを売りにくい時代だったわけですよ。

野口 売っちゃいけなかったんだもんね。食管法や主要農作物種子法は、コメと麦と大豆の法律だったから、うちのような種屋は、大豆の種を売っちゃいけなかったの。だから、大豆は穀物だけど枝豆は野菜だから、枝豆の種を売っていた。大豆を袋にいれて、枝豆の種として売ってたぐらいです。

岡本 なるほど（笑）。

野口 そういう馬鹿な話があるんです。で、やっとこれがまともになった。昔どおり、誰もが自由に食べたいコメを、自分で種もみを手に入れて、自分で作って、その中のいいのを次の種もみにして、自分の田んぼにあった米にしていくということができるように、やっとなった。

岡本 では、主要農作物種子法廃止の問題点はどこにあるとお考えですか？

野口 本当の問題は、国の赤字です。国が米に対する助成金を負担することができなくなったの。コメ政策を維持することができなくなった。だから、そのシステムで食っていた都道府県の連中と農協があたふたしている。

岡本 日本でも自家採種が原則禁止になると言われていますが、僕は、その問題の根源は、種苗法の改正と考えています。その点もぜひお聞きしたい。

野口 なぜこのタイミングで種苗法の改正を言い出したかというと、ようするに都道府県と農協を宥《なだ》めるためだと思います。今アタマに血が登っているのは、品種改良とかをやってきた都道府県の職員で、この人たちは自分たちの食い扶持がなくなっちゃうから、大騒ぎしている。でもそのかわりに種苗法を改正して、「あなたたちがつくった品種はあなたたちが独占的に販売していいですよ。農家が勝手にその品種から種を採ることを禁止しますから」という制度に国はしようとしているんです。「新品種の技術を独占させるから利益をあげなさい」と言っているだけなんです。

岡本 なるほど、農協を宥めるための改正と言われると、合点がいきますね。確かに順番的にはそうですね。種子法がなくなると決まってから、急に種苗法の改正をすると言うようになった。種苗法に従って品種登録し、知的財産権の与えられた品種に関しては、自家採種は原則禁止ということですね。これは世界的な流れだと僕は思っています。

野口 そうです。知的財産権のある、誰かの作ったものは、今だったら25年間は自家採種して勝手に増やしたら犯罪ということになったわけだ。うちで売っているような、昔から作られている在来種や固定種は、誰も権利を持っていないものがほとんどだから、自由に作れるし、みんな自家採種できる。

岡本 固定種の採種権利が奪われるなんてことはないとお考えですか？

野口 ありえない。自家採種は人類の権利ですからね。何万年も前からやってきたことを、今さらダメだよなんて言える訳がない。誰がそれを摘発するんですか？

岡本 野口のタネで売っている固定種に関しては、自家採種が禁止されることはないと考えているということですね。

野口 それが、最近の品種にはいくつかあります。うちは固定種を扱っている種屋だけど、中には、種苗法に従って品種登録をし、ＰＶＰ（植物品種保護）マークを取得している品種もあります。タキイ種苗の「紅法師」という赤ミズナなどがそれなんだけど、これらは品種登録期間の25年をすぎるまでは種を採ってはいけない。ただし、25年を過ぎたら、もう自由です。

岡本 赤ミズナって、あれは固定種ですよね？

野口 固定種です。

岡本 固定種でも採種できないということがあるんですね？

野口 固定種だから雄性不稔にするのではなく、ＰＶＰで権利を守ろうとしている。

岡本 それにしても、固定種の種を守っている、野口さんのような方がいなくなったら困りますね…

野口 死んだら終わりでしょ。だから死ぬか固定種の種が世の中から消える前に、日本中の人に種を買っていただいて、自家採種して種の命をつないでくださいといっているんです。

種は誰が守るのか?

岡本 ところで、野口さんは色んな国から種を仕入れているんですか?

野口 いやいや、うちが仕入れているのは20社弱の日本の種苗会社ですよ。海外の種は、それぞれの輸入元の会社から分けてもらっている。その一方で、日本国内の種採り農家がいなくなっちゃってね。そのために、日本国内で採っている固定種の種が、どんどん減っているんですよ。日本国内産に限っていうと、無くなるばっかりです。酷いのは、ある種苗会社が、「もう固定種は儲からないからやめることにしました」といって、その翌年から50種類が消えちゃったんです。

岡本 そうなると、もう本当に消えてしまいますよね。

野口 誰かが種を採ってくれない限り、消えてしまう。そして、種には寿命がありますからね。一度買ったら冷蔵庫に入れたら3〜4年は使えるけど、そのあとは老化したり死んじゃったりしてるから、蒔いても発芽しないことがある。でも、誰かが毎年種を採っている限り、種の命は続くんですよ。種苗会社が販売をやめて種取りをやめても、その命は、どこかで生き残っていくんです。

岡本 それをするのが僕らの使命ですね。

野口 だから僕は、種の採り方を袋に書いて売っているんです。

岡本 僕もやっていますよ。種の採り方について、多くのプロや家庭菜園の方に教えるようにしています。

野口 ただそう言ってもね、めんどくさがって、種取りをやる人は圧倒的に少ないんですよ。１００人にひとりいるかいないかですね。

岡本 買えるうちはそうなっちゃうんですね。買えなくなって、初めて慌てる。でもこうしてみると、収穫を安定させるためにＦ１を作っていくといいますが、ひとつの病気で全滅する危険性などを考えると、最終的には安定していないですよね。固定種の方が、収穫量が不安定だというが、種としては安定している。

野口 種は毎年買うものになり、ほとんどがＦ１になってしまった。これはもう生命じゃなくなっちゃったわけ。命が続くから種なんだけど、命の続かない種は、もう商品でしかない。あれは、野菜の種じゃなくて、食材の種ですよ。

岡本 名言ですね（笑）。改めてお聞きしますが、今後、固定種を残していくには、どうしたらいいのでしょうか？

野口 個人がやるしかないでしょう。売っている種は、みーんな雄性不稔か遺伝子組換えかゲノム編集になっていきますからね。そういう企業を儲けさせることが国の方針になっているから。企業を儲けさせて、企業から税金を取ろうというのが、国の政策ですからね。
だから個人でやるためには、種の採れる作物を自分で育てて、その種を採る。植物には足がないから、植物がその土地を判断して、そこがどういう気候でどういう土壌かを判断する。根を張って、根っこや茎の表皮細胞がその土地を判断して、そこで花を咲かせる。人や鳥が運ばない限り、その種はそこに落ちてまた育つ。その育った中で一番いいものから種を採れば、その植物はその土地で育ちやすいような子をちゃんと作ってくれる。だからみんなに、種採りをしてくださいと言っているんです。

岡本 その通りですね。最後に一つだけ極端なことをお聞きしますが、野口のタネの支店みたいなものを増やすお考えはないですか？

野口 そんなのできないですよ（笑）。固定種の種がどんどん減っているから。以前、「通販生活」という雑誌が、うちの種の評判を聞いてカタログに載せたの。種子消毒されてない国産の種を8～10種類くらいのセットにして、数千セット送ったら、1週間くらいで全部売れちゃった。このセットの種の中には、「網干《あぼし》メロン」という兵庫県の小さくて甘いマクワ瓜の種も入れてたんだけど、それが足りなくなった。種苗会社への通常の注文量は、1デシリットルから2デシリットルくらいなんだけど、セットを組むにあたって、いつもの10倍の2リットル頼んだんですよ。そうしたら種苗会社は、倉庫を探せばあると思いますといって、送ってくれた。その次に電話して、また2リットルっていったら、「あるわけないじゃないですか。うちの種はみんなお宅が持ってってっちゃったんだから！」って。それくらいの量しか、種を採っていないんです。昔から、その土地のじいさんばあさんが、細々と地元の野菜を作っているだけなんです。大量に栽培していないから、種も一年間に必要な量しかない。それを、もっともっとと言っても、あるわけないでしょと言われる。固定種とはそういうものなんです。

岡本 野口のタネだけに頼らないで、農家であろうが家庭菜園であろうが、種を残したいと思うなら、個人でしっかりと種を採らないといけないということですね。

野口 網干メロンだって、千葉でつくれば千葉メロンになるわけだから、そうやってどんどん多様性を獲得させて、新しい種を生み出していく。それは、人類がもう何万年もやってきたことなんです。もう一度そこに戻さないとダメなんだけど、もう社会が硬直しているからね。まぁ、天変地異が起こらない限り変わらないでしょう。

昔、子どもの頃、親父が言ったの。まだこの店が商店街にあった頃なんだけど、「なあ、勲よ。この商店街には100軒以上の店があるけど、この中で生きている命を売っているのはウチだけだ。他は、魚屋も肉屋も八百屋も、あれは死骸を売っているんだ」と。当時は、ずいぶん極端なことをいうなと思ったけど、今は本当に良くわかります。まさにそうなんだ。生きている命は、いったん途絶えたら、もう復活できないんですよ。

岡本 命を繋いでいる種。命の根源ですから、貴重なものです。大切に種を繋いでいくことが僕らの使命ということですね。今日は、貴重なお話、ありがとうございました。

野口　勲（のぐちいさお）

１９４４年東京都青梅市生まれ。満一歳前に祖父母の住む埼玉県飯能市に移り、育つ。人類が代々受け継いできた、各地の気候風土に合う優良な種子を守り普及する日本で唯一の種苗店である野口種苗研究所の代表。伝統品種消滅の危機に対応するため、２００１年より固定種に特化した野菜種子の生産販売業務に従事。２００８年、山崎記念農業賞を受賞。両親から種苗店の三代目を嘱望されるも当初は家業を継がず「虫プロ」出版部に入社して手塚治虫「火の鳥」の初代担当編集者を務める。その後、「タネと生命の奥深さを痛感」し、30歳を機に実家のタネ屋を継ぎ、固定種野菜の復活を目指す。国内唯一の固定種専門店であるとともに、世界で唯一「火の鳥」の看板を掲げたタネ屋としてインターネット通販を中心に事業を展開している。著書に「いのちの種を未来に」創森社２００８、「タネが危ない」日本経済新聞出版社２０１１「固定種野菜の種と育て方」創森社２０１２（共著）、「不自然な食べ物はいらない」廣済堂出版２０１４（共著）がある。

野口のタネは、自家採種を基本とする自然農法や自然栽培の農家、あるいは家庭菜園の方にとっては、聖地とも言える種屋であり、その主人の野口勲さんは、僕らの親父的存在でもあります。固定種や在来種の種を地域のお年寄りからいただくことが難しくなった今、固定種だけを扱う野口のタネの存在なくして、自家採種の農業はできません。こうした種屋が今後増えていくことを望みます

高橋一也×岡本よりたか 対談

農から生まれた野菜を伝える

交配種よりも、固定種や在来種の野菜の方が味がいい。それは、野口のタネの野口さんもおっしゃっていましたが、その美味しさに魅了され、東京・吉祥寺という都会の真ん中で、「warmerwarmer」という屋号で野菜の販売や、古来種の野菜の普及を行う人たちがいます。その代表の高橋さんにお話を伺いたくて、吉祥寺まで足を運びました。昔から続く古来種の味を、都会の人たちに味あわせたい。野菜を食べることで、それを守り、育て続けてきた先人達の思いを伝えたい。そんな高橋さんの熱い思いを聞いてみたかったのです。

以前、吉祥寺で開催されていた野菜を食べたり買ったり、あるいは野菜を作っている農家さんの話が聞ける「種市」というイベントに参加し、たくさんの古来種があり、それを栽培するたくさんの農家さんがいることを知りました。そのイベントを企画運営しているのも、この「warmerwarmer」でした。

なお、対談の中で、高橋さんは、在来種の野菜を古来種の野菜と呼んでいます。ここでは、在来種の野菜や伝統野菜を古来種の野菜と表現することにします。

どうやったら振り向いてくれるのか？

岡本 種市というイベントはまだ続けていらっしゃいますか？

高橋 やってます、今年の2月にやりました。この建物の地下にある「キチム」をお借りして行いました。

岡本 そうなんですね。前、吉祥寺のあっち側の、オーガニックベースの……

高橋 あのビルはもう建て壊しになって。以前そのオーガニックベースさんと、ここの対談会場の地下にある「キチム」の二拠点でやっていたんですけど、今年は西荻窪にある松庵文庫の会場借りて、キチムとの2カ所でやりました。

岡本 種市、とても魅力的なイベントで、僕もずいぶん楽しませてもらいましたが、どういう目的であのようなイベントを企画されたんですか？

高橋 種市は、種について知ってほしい人に来てもらうためのイベントです。この話をすると長くなるけど（笑）、種市を始めたきっかけは、最初は青山のオシャレなレストランの軒先で、小さなテーブル1台借りて、古来種の野菜だけを販売していたんですけど……皆に素通り無視されるんです。誰も古来種の野菜なんか知らないじゃないですか。全員に素通りされるから、「どうやったらこの人たちに振り向いてもらえるんだろう？」っていつも考えてました。おしゃれな人もいっぱい通るじゃないですか、やっぱり青山だから（笑）こういう人たちに種の大切さ知ってもらいたいと思い、いろいろ考えている中、イベントをやんなきゃいけないと思って。

あと、ファーマーズマーケットに出店していたとき、夕方

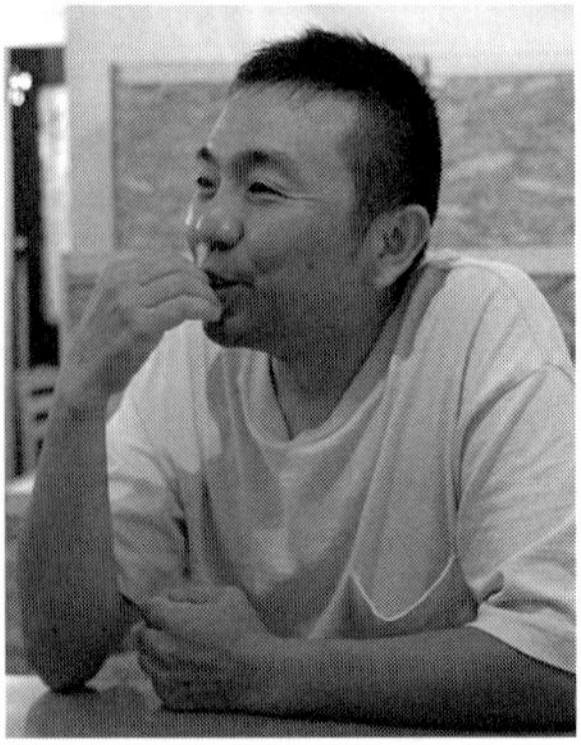

高橋一也

になると野菜の値段を下げるお店があって、僕は「なんでこんな貴重な野菜を夕方になったら値段下げないといけないの!?」って思ったんです。しかも、農家さんのおじいちゃんおばあちゃんと仲良くさせてもらって預かった貴重な野菜を、夕方に値段下げるなんて、自分には納得いかなかったんです。

「場」の中に入ってしまうと埋もれてしまう。自分たちで「種の大切さを伝えるイベントをやろうって思って、そんな時にオーガニックベースの奥津爾さんと出会って、「種市」への想いをお伝えして、この企画が始まりました。

「種市」は私の中でサンフランシスコにあるCUESAというファーマーズマーケットをモデルにしています。単にものを販売するんじゃなくて、エンターテインメントなんです。商売の場じゃなくて、食を楽しもうっていう。キッチンブースがあって、料理人がいて、農家さんがいて、お客さんの前で料理をするんですよ。シェフが「これ美味しいよ」って話したりするし、これはどういう想いで作っ

岡本よりたか

てるっていうことを、農家さんがお客さんの前でプレゼンするんです。それをお客さんが見て楽しんで、野菜を買って帰る。

今の日本のファーマーズマーケットは商売をしているような気がします。商売は大事ですが。今のファーマーズマーケットとは違う場をつくろうと思って「種市」を立ち上げたんです。

「種市」は、料理家の方がいて、農家さんがいて、目の前で野菜の料理を作って食べてもらうというイベントです。著名人の人や種の大切さを発信している方にも来て頂いて、講演をするとか。農家さんが直接東京の方に想いを伝える。物の売り買いじゃなくて、お客さんも、農家さんも、みんな「種を守りたい」って思う人がくる場です。「種を守りたい」っていう人が集まるとすごいエネルギーが生まれます。みんなが「種を守る」っていうような場を作りたくて、それが種市なんです。

岡本 種市はもう何年くらいやってるんですか？

高橋 ２０１３年の４月が確か一番最初ですね。

岡本 こういうイベントは、日本中で開催するといいですよね。

高橋 東京の青山という地で素通りされてた頃、たまたまJ-waveさんが夕方の番組にでませんかというお誘いをいただいて、種市の1週間前にJ-waveに出て、種の話と種市の話をしたら、当日すごいお客さんが来て長蛇の列ができたんです。嬉しくて涙ボロボロでましたね。「東京にもこんなに種を守りたいって人いてくれるんだ」って知って。最初素通りされてたから、普通諦めるじゃないですか。でもやっぱり自分たちの想いをJ-waveで話したら、開店前、長蛇の列!!!すごい人が待ってて。泣きながら「ありがとう!!」ってなりました。

岡本 僕もいろんなイベント立ち上げてるけど、種市の規模はなかなかないですね。すごい運営側は大変だろうけど、作る人から、食べる人、売る人まで、みんな同じ目的だからすごく賑やか。みんな、喉が枯れるくらい一日中話してる。子供たちも多いし。

高橋 なかなかイベントやるのは大変ですね。定期的にやりたいんですけど。いっときやめたんですよ、1年、種市の開催を休みました。当時は1000人近いお客さんがきて。どんどん時が経ち、帰りのお客さんを見送ってるときに、最初のお客さんは野菜を多く買っていただけてたんですけど、3年目になったら、お客さんが野菜を買ってないことに気づいたんです。

岡本 ブーム？

高橋 そのとき「お客さんが野菜買ってない？ 1回やめよう？」って思い、それで1年休んだ期間がありました。私たちはやっぱり、野菜を買ってもらわないと農家さんを救えないし、「種市」を開催している意味がないじゃないですか。で、去年1年間休んで。充電期間ですよね。そして今年の2月に久しぶりに種市を復活させたんですけど。

岡本 結果、どうでした？ 休んでみて。

高橋 まだ、結果はわかりません。農家さんに喜んでもらえるように、大切に受け継がれてきた野菜を待っている人が、もっと東京に増えると、成功といえるかもしれませんが。どの基準が成功の基準か正直わかりません。

岡本 古来種、古来の野菜ってやっぱ種類がそんなにたくさんないですし、栽培している人も少ないですが、みんなポリシーはしっかりしてますね。

高橋 そうですよね、以前、農水省の伝統野菜フェアーの企画のお手伝いもしたのですが、その企画には全国から伝統野菜の農家さんが集まってくるんですけど。あれおもしろかったですね。だって、みんな、仲間だって言うんですよ。農協さんが行う全国各地の生産者さんとの商談会に行くと、みんな、ぎくしゃくしている感じがするんですよ(笑)。わかります? 隣同士、同じ野菜を作ってPRしているんです。例えば、みんなアスパラじゃないですか。みんな国産の和牛でしょう。地域別の会場の中で商材がかぶるわけですよ。そうすると隣同士が競合の相手になったり、でも古来種の野菜とかのイベントって、みんな種を守っている仲間なんです。

「青森ってこんなんやってるんだ」「このネギどうやって作るの?」とか。みんながそれぞれ地域の農産品にプライド持ってるし、でも苦労もしてるし。

岡本 農家同士の情報交換が激しいですよね。

高橋 喧嘩にならない。仲間です。

岡本 僕らもそう、同じ固定種作ってる仲間いると、すごい情報交換になって、確かにすごい盛り上がるんですよ。

岡本 なんか昔の市場の中で、種を持ってるおばあさんたちが種を交換したりするときも同じような話があったんでしょうね。助け合い、本来の姿でしょうね。

高橋 お互い生きるために必死だったんでしょうね。

なぜ、古来種なのか？

高橋 なんで古来種って呼ぶかというと、最初、野菜を販売していたとき、いろいろ質問を受けるんでね。２０１１年9月に「種の大切さを広めよう」って会社立ち上げたんですけど、いろんな人に質問されるんです。この野菜は、「在来種」ですか「固定種」ですか、とか「古代種」ですか、「原種」とか、「地方種」ですか、「伝統野菜」ですかとか。

その質問に答えようと、農水省に行ったり、種屋さんに行って種の定義を聞いたり、専門家の方に聞いたり、いろいろな方に聞いてまわったのですが、それぞれいう人によって、言っている定義が違ったんです。

知ってます？「伝統野菜」の定義って県ごとに違うんですよ！

（資料を取り出す）

「50年前から」とか「100年前から」とか「古くから」とか全部、伝統野菜の基準の定義は県ごとに違ってて、（笑）

この間、ある方が長野県の伝統野菜を販売したいっていうので、ご紹介をしたら、「これは伝統野菜の認定制度に登録してないから伝統野菜じゃない」って言うんですよ。登録してないから伝統野菜じゃない……伝統野菜も認定制度の中でやってるから、登録してないから伝統野菜として販売できませんって言われたとき、困りました（笑）。私たちは種を守りたいわけで、いろいろな定義に巻き込まれたくなかったんです。

岡本 高橋さんの中での定義は？

高橋 「F1種ではない」ってこと、「自家採種」してること。それは代々種が続いてる野菜ってこと。いろいろな方が言っている種の名称の定義から正直逃げたかったし、種の言葉の定義を議論しても、種を守る活動が、前に進まないって感じたので、古来種って言う言葉を作ったんです。

岡本 「伝統野菜」は、確かに定義が厳しそうですね。伝統野菜は、「守る会」のようなグループとかありますね。

高橋 あるんですよ。それによって自分たちの利権が……とかあるんでしょうかね。変に名乗ってほしくないとかあるじゃないですか。

岡本 Ｆ１種は一切やらない？

高橋 わたしたちの八百屋は一切Ｆ１種の野菜は販売しないですね。自分たちがちゃんとプライドもって仕事できるようにです。やっぱり種が大事ってことをしっかり伝えるためには、Ｆ１種の野菜を扱わないって最初に決めたんです。

岡本 最初に古来種の野菜ってなぜ決めたのかを知りたいですね。

高橋 長崎県の岩崎政利さんに出会って平家大根の大切さを知ったのと、私が元々料理人だったので、古来種の野菜の美味しさを知ったからですね。食べて美味しかった。大根に苦味がちゃんとあり、今の梨みたいな大根じゃない。本当の大根には苦味があるじゃないですか。その苦味が漬けものにしたら旨味に変わってきて。さらに煮物にしたら味も変わってくるのに、そういう大根が今は少ない。オーガニックの青首大根でもねぇ、甘い大根しかないから。古来種の苦味のある平家大根を知って、本来持ってる味を知ったときに、ゾクゾクって。野菜の美味しさを知ったのがきっかけ。その美味しさを伝えようってのが最初ですね。

岡本 結構、勝負師ですね（笑）。

高橋 他に、福島県の原発事故で、浪江町で種を守っていた農家さんは畑とその土地で自家採種していた種を失って（本にも書いたんですけど）電力会社さんに賠償を求めたら、「たかが種」って言われた瞬間に、農家さんと泣きました。

岡本 え〜?! 「たかが」ですか……。

高橋「たかが種」って言われたんですよ。電力会社のその担当した方が悪いわけではないんです。悪い意味でいったのではないと思いますが、電話口でわんわん泣きました、2人で。悔しくて。でもそれってやっぱり種が大切って知らないからじゃないですか。種が大事っていう思いや、情報がないから電力会社さんもそう言ったと思うんです。だから種が大事だってことを伝え続けようって。

岡本やっぱり、311の影響は受けたんですね。

高橋きっかけになりましたねぇ。社会が大きく変わるなって。実際大きく変わったじゃないですか。自分たちの価値観とか。そこで、やるなら今だって思いましたね。このタイミングで、何か始めないとって。

岡本古来種の野菜を作ってる農家さんって、そんないないですよね。

高橋今は、90人くらいの方とお付き合いをさせて頂いてます。

岡本 開拓していったわけですか？

高橋 みんな紹介なんです。おじいちゃんおばあちゃんが多いのですが、昔からの野菜を作っている人たちは、みんな宣伝しないじゃないですか。皆、Facebook も Twitter もしないし（笑）。地元のひっそりとした集落で守ってるんで。私たちが、古来種の野菜だけ販売してたら、皆、助けてくれて。「この地域にはこんなのあるぞ」とか「うちにはこんな野菜があるぞ」って話がメールとかで入ってくるんです。そういう繋がりを積み重ねて、今90人くらいの方とお付き合いさせていただいてます。中には、自家用に種を守って、昔から食べている人もいるので、そういう人からは、出荷用で栽培はできないと出荷を断る人もいます。

岡本 あ、そうなんですか？

高橋 野菜を譲っていただけますかって言うと、「自家用なんですよ、出荷用じゃないんですよ」ってね。自分たちの村で、ほんとに、村でひと畝《うね》しか作ってない野菜なんで。これは自分たちが食べるもんだって。中には地域特産品として出荷もするけど、どう見ても「これは出せない」ってのもありますよ。その地域にあるっていうことだけ、私たちは認識しておきます。

岡本 高橋さんの活動としては、古来種の野菜を自家用に作っているおじいちゃんやおばあちゃんたちの種を預かり、その野菜を作りたいと思っている他の農家さんたちに繋ぐというか、そういうことはされないんですか？

高橋 作りたい人にですか？ してないです。わたしたちは種は扱わないんですよ。できた野菜を販売してる。種を扱わないってのも決めてるんです。それはわたしたちのルールなんですよ。種は先祖代々から受け継ぐものだし、そこに自分たちが入って何かしようとしたら、その歴史や流れを壊してしまうと思ってるから。私たちはできた野菜を販売して、いただいたお野菜代をお支払いする。そのお金で、次の種を採ってもらい、また古来種の野菜を作ってもらう。その古来種の野菜を、東京で待ってる人に手渡すのが自分たちの仕事なんです。だからまず「F1種の野菜は扱わない」、「種を扱わない」ってことが自分たちのルール。

種が大事だと知った人たちに、きちんと伝えていく

岡本 高橋さんが東京を拠点にしてるのはそういう理由ですか？ やっぱり東京を拠点に情報を発信していくということですか。

高橋 そうです。東京には畑がないし。僕も料理人をやってても、こんなに野菜の種類があるって知らなかった。今でも、料理人の多くの人は、地方に昔から続く野菜があることを知らないですよ。いままで古来種の野菜を東京まで運ぶ必要がなかったのかもしれません。

市場からレストランに届けられる野菜が全てだって思うじゃないですか。室町時代から続いてる野菜があるなんて知らないし。

料理人の人たちって情報が届いていないから、私たちは、情報を届けることも一つの役割です。

岡本 なんかもうすごい、僕とはもう全然違うパワーですね（笑）

高橋 パワーがないとやっていけないですからねぇ。やっぱり、中途半端にやったら時間のロスにもなるし。

岡本 すごい決断ですよね。その、シェフとか料理人がそれを知ったとしても、仕入れ先がないと意味ないですからね。

高橋 特に今、台所立つお母さんが減ってるし。東京では、女性の社会進出で、台所がなくなりつつあるから、野菜を買ってくれる人も少なくなり、徐々に外食が増えてるから、レストランのシェフが、野菜を守り続けなきゃなぁって言うか。

岡本 僕ね、野菜をずっと作ってましたけど、レストランに卸すときだけはＦ１種だったんですよ。安定供給がすごく大事だったので、Ｆ１種を使わざるを得ない。でも、いつかやめたいってずっと思ってました。今は本当に一切やめましたけど。

高橋 規格が揃わないからね。同じ種でも、人間と同じように全てバラバラ、それが本来の野菜の姿ですから。でも規格が揃わない野菜は、築地市場の流通システムにのせようと思ったら難しいです。みんな同じサイズではないからって言われます。

岡本 そうなんですよね、切った時にサイズが違うからね。

高橋　そう。市場は、「定時・定量・定質」が原則って言われてます。「決められたときに、決められた質で、決められた量を納めなければならない」ていう基準の中で考えると、やっぱり取扱いが難しいんです。

でも、自分たちの基準の中では、野菜は人間と同じように、同じものがひとつもないのが正しいんです。だからそういう一般の流通システムじゃないシステムを自分たちで作らないといけない。

また、味の問題かというと、そうとも言い切れなくて。自分の中では、全てが美味しいわけじゃないって思ってるんです。1214種類、全国に伝統野菜があるというデータがありますが、すべて美味しかったら、何もしなくても全部残るわけじゃないですか。でも、どことなく味が薄かったり、これはどうしてもなぁ……っというのがあるんですよ。でもそれが本来なわけですよね。

美味しさの基準は何か。美味しいって難しいですよね。みんなが好んで食べるってことも「美味しい」だし、自分の中で昔から食べてるものは「美味しい」だし、それぞれ美味しいの基準はある……。難しいですよね。

岡本　確かに「美味しい」は難しいですよね。僕もパン屋やってた時期があるんですが、そ

のときレストランにパンを卸すと「味が濃すぎてこりゃダメだ」っていうんですよ。味が濃すぎてダメだって（笑）

高橋 いや同じ同じ。わたしたちもあるレストランの料理人の方に、古来種の人参は香りが強すぎてだめだって言われたことがあります。レストランのシェフは、規格を求めるし。6㎝のさつまいも持ってきてくれとか。みんな同じじゃなきゃだめというんです。たぶん、婚礼などでみんな同じ料理、同じ盛り付けにしないといけないから。また、大きな調理場はシステムで動いているので、規格がそろわないと、リズムが良くない。営業行くとこ営業行くとこ、ものすごくいろいろなことを言われました。ほんと、何度泣いたか（笑）。帰り空を見ながら涙を流してるんですよ。悔しくて。だからうちは営業しないです。営業しないって決めたんですよ。「人は変わらない」と思って。

岡本 それはすごい分かる。僕も営業しなくなりました。

高橋 やっぱり、人を変えようと思ったらだめなんですよ。最初は種の大切さを伝えて「この人に分かってもらおう！」って思ったけど、自然な流れで、種が大事だって知った人が来たら、その人にきちんと対応しようって。人を変えようなんて思ったらだめだなって思いましたね。

岡本 僕もそうです。自分が変わって、自分の表現力が出てくると、勝手にお客さんが来るんですよ。そういう風になってかないといけないんだろうなぁって感じました。

農と農業

岡本 ところで、今の種の問題、種を採っちゃいけないとか、種の権利の問題はどう考えてますか？

高橋 その問題に入る前に、区別してることがあって。まず、「農業」と「農」を分けて考えているんです。私たちが広めているのは「農」なんですよ。

今、ＩｏＴとかスマート農業とか、どんどんコンピューターが入ってくるじゃないですか。それって全部農業だと思ってるんですよ。知的財産権とかっていうのは、結局、農業の話なんですよ。野菜の種を開発して、商品化して、食品の流通システムにのせて、その中で行っているビジネス。

私たちが大事にしてる「農」は、自然と神様と野菜の関わり合い。踊りがあって、祭りがあって、歌があってという。昔の人って、五穀豊穣や収穫祭を、ほんとに真剣に歌ってたんですよ。踊ってもいた。楽しく。おばあちゃんにきいたら、真剣に食べるものなかったから真剣に踊ってって歌ったっていうんですよ。そういう魂を大事にしてる。だから、我々が知って欲しいのは「農」なんですよね。

農業ってのは旬をなくしてます。冬にもサラダバーに胡瓜はありますからね。農業は冬にも茄子があったり、キュウリがあったり。でも、本来、冬に茄子やキュウリがあるわけないじゃないですか。だから、そこをはっきり分けましょうって話。

知的財産権とかは農業の話で、誰かが、化学の力で開発した種を守ろうという話、私たちは「農」の話をしてるから、あんまりそういうところは気にはしたくはない、ただ、風評になるのは怖いなぁとは思いますね。自家採種禁止だっていうことが頭にあって、全てが自主的に禁止にしてしまうってのは、怖い。

岡本 実際、古来種は、種採りの権利っていうのは特に定められていませんね。

高橋 ないです。皆さん昔から自分で種を採ってるものだから。

農業ってのはこういうことですよね。Ｆ１種とか。
（種屋さんの商品カタログを取り出す。そこにはしっかりと規格化された野菜の写真やサイズが記載されてある。その上で、古来種の野菜の写真を示す。）
種屋さんのキュウリとか、21㎝とか24㎝とか決まってるじゃないですか。これがＦ１種の凄いところ（笑）。だって、人間が生まれる前に、あなたは１６０㎝って決まってるのと同じわけじゃないですか！全部21㎝なんですよ。だから、これの種を採るなというのはわかる。だってこれは自分たちで開発したものだから。これが自分たちの権利だって言うのはわかる。それを権利侵害っていうのはわかりますね。

岡本 そういう発想は、僕とは違う視点でおもしろいですねぇ。言われてみればその通りですね。

高橋 今の野菜の流通はすべて農業なんです。種屋さん、農薬会社、運送会社さん、市場、スーパーマーケット、イーコマース、レストラン、全てが農業という仕組みに入ってまわっているです。

岡本 その農業である知的財産権を守って、種を採るなって言ってるのは、企業としては正しいと。

高橋 企業として人間としてそれは言うだろうと。

岡本 だからF１種は扱わない。

高橋 そうです、僕は違う世界で野菜と対峙したい。だからうちは「農」なわけなんですよ。だって、スーパーマーケットでF１種の野菜を集めて収穫祭って盛り上がんないじゃないですか。五穀豊穣フェアー！なんて言っても、誰も踊らないですよ（笑）だって化学のチカラがあって、種屋さんが発芽率を保障するし、もし今の気候に種があわなくなったら、新しい種を開発するんです。また、古来種の野菜より3倍近く野菜の収量もあがって、これだけ食べ物が得られるんだから、みんな踊る必要ないですもん。神様に歌って「今年の野菜ください！！」なんて歌う必要ないですもんね。私たちは、何年たっても、子供達に、食べ物の大切さ、食に向き合ってきた先人の想いを、古来種の野菜を通じて伝えたいと思っています。

岡本 種の問題を、農と農業を分けて考えるっていう発想がいいですね。

高橋　「自分たちは何を大事にしてるのか」それは戦前、長い歴史、人間として種を大事にし、食べ物とは何か?っていうのを真剣に考えてきたからこそ、大事にするのは種……。「農」の野菜と「農業」の野菜は違うんですよね。

岡本　大事なのは21㎝じゃない（笑）

高橋　そう！Ｆ1種を作ってる種屋さんは、飢餓の国にとってみれば、とても大切な存在です。すごい技術をもっていて、今の社会をささえているので、今、食べるものがないところや、発展途上国では食を得るための必要な技術であり、日本だって同じでしょう。Ｆ1種があったからこそ、生きてこれた。戦後の焼野原で。

岡本　安定的に収穫できる野菜を求める需要がすごくあるってことですよね。

高橋　戦後食べるものがなくって、都市に人が集中して。で、日持ちがする葉物の野菜が必要だと。昔の葉物の野菜は、下手をすれば2，3日で色が黄色くなるし、しおれてしまいます。ところがＦ1種の野菜だと1週間おいておいても変わらない。凄い技術ですよね。うらやましいと思いますけど。その技術を勝手に使うのは権利侵害って言うのは、ある意味正しいと思いますよ。

岡本 その代わり、味を犠牲にしてる。とんでもなくまずい家畜の餌みたいな野菜を掛け合わせて強くする。それが問題なんじゃないかな。

高橋 複雑な味がなくなってるというか。古来種の野菜は苦味とかえぐみとか旨味とか、そういう「真味」っていうか、真の味っていうのがまだ残ってるんで、食べる人はやっぱみんな美味しいって言いますよ。だから今年でもう8年目にもなりますけど、古来種の野菜を食べた人がリピートしてくれます。

岡本 価格的なことはどうなんですか？ どういう風に決めてますか？

高橋 農家さんから言われてる価格のままで買います。やっぱり安いのもあれば高いのもある。その価格っていうのは、いろんな人たちの想いが入ってるものなんで、こっちでは勝手に変えたくないです。

岡本　実際に売るとき、古来種がF1種と比べられたりしますよね。なので、価格差が必要になりますが、どういう風に決めているんですか？

高橋　やっぱり1・2倍くらいは高くなると思いますけど、トータルで考えればうちは安いと思いますけどね。F1種の野菜は需要と供給で価格が決まるじゃないですか。量が出れば安くなるし、なければ高くなる。

古来種の野菜は、その人たち、その保存会の人たちの想いっていうか、それで決まってくる。若い人や子どもがいる人たちが古来種の大根を作ってるのなら1本200円でも買うし。年配の人が作れば大根1本100円前後でも出てくる。だけど、F1種の野菜は、市場の需要と供給のバランスから価格が決まってくるから、それを基準に、古来種の野菜まで、高いとか安いとかは比較できません。だからいつも農業と農を分けて考えようって言うんです。全てがそうなんですよ。価格も「農業」っていう基準の中で、安いとか高いとか考えるからおかしくなる。

そうそう、あとで約400年前から受け継がれているかぼちゃをお見せしますけど、日本最古のかぼちゃを守ってる方がいて、その、日本古来から続くかぼちゃの価格決めてくださいって言ったらいくらになると思います？　それを高いとか安いとか言われたらどう思います？？

左／愛知県産　愛知縮緬南瓜、右／福岡県産　三毛門南瓜

それに、古来種の野菜だと調味料があまりいらないんですよ。この野菜は味があるから焼いて塩だけで美味しいとか。F1種は味がないから調味料を使いますけど、調味料とかを含め、トータルで考えたら、断然、古来種野菜の方が安くつく。味がいいから、

岡本 栄養価はどうなんですか？

高橋 栄養価は、F1種のほうが高い場合も多いと思います。しかも今、機能性野菜とか出てきて、薬みたいな野菜出ているんで。野菜を薬化しようとしてるんじゃないですか？（笑）種屋さんとか。糖尿病にいい野菜、とか出してきてるから、それと、F1種は、栄養価が数字で出せるんですよ、一定に全部同じ栄養価だから。古来種の野菜の栄養価の場合、測っても全部同じだと思います？だって人間と同じでバラバラだから。1つ測っても、エビデンスとして正しくないんです。わかります？高いか低いかって話になったときに、だって人間であなたと私と、高いか低いかって比べてエビデンス出して信じますか？それよりも、むしろ、「旬のものを食べる」方が、栄養価は高いと思いますね。夏に夏野菜食べるとか。

岡本 おっしゃる通り。

高橋 昔の人は栄養価で食べてないですからねぇ。自然にあるものを食べてるから健康なんであって。古来種の野菜には旬があるんですよ。F1種の野菜には旬がないんです。皆さん「(今は野菜に)旬がなくなった」って言いますけど、全然そんなことなくて。旬がなくなったのは、農業の方。農には旬があるんです。どこでも。
それは祭りもやりますよ(笑)。だって、芽が出たらみんな喜んで、踊りたくなる(笑)。

岡本 発芽は小踊りしますよ。特にニンジンとかね。

高橋 嬉しいですよねぇ。食べ物が得られる!っていう。村の子どもたちに食べさせるものを得なきゃいけないっていうその緊張感?やっぱ真剣さっていうか……今は宅急便とかインターネットですぐ注文すれば野菜が届くかもしれないけど、昔の人たちにとって食べ物って、ほんと生きるための根源だったから。

岡本 豪雨が続くとき、絶望するあの感覚っていうのは、古来種の野菜しかないんですよね。やっぱF1種は強くて生き残ったりするんです。古来種を栽培していると、自然と共に生きてんだなって感じます。

高橋 やっぱそういう中で生きてきた、祈り……祈りと食べもののありがたさですね。ハイデガーの「存在と時間」を読んだんですよ。すごく難しいんだけど、「存在」を「野菜」に置き換えてみたんです。今までの歴史の中で、どれだけ古来種の野菜に関わった人がいるのかと考える。約400年程前からかぼちゃが生きてきた。それは400年、かぼちゃが一人で生きてきたわけじゃないんですよ。かならず、誰かがその野菜に寄り添っていたんです。栽培者がいたからなんです。そのありがたさを「感じる」かどうなんですよ。今料理人とか、野菜を見てもそう感じないじゃない人が多いと思うんです。だから、お寺じゃないけど、食べるときに、農家さんたちの想いをちょっとでも感じてみてください、って言うんですよ。室町時代から続いてるカブ、その目の前にあるカブを食べる。そのカブに、どれだけの人が関わってきたか。どれだけのことが起きて今があるか。今この2018年にここにあるってことが奇跡なんですよ。それを食べたら皆さんどう思いますか?って。やっぱり誰かが受け継いできたからここにあるんです。

今後のビジョンについて

岡本 ずっとこの商売続けてくのでしょうけど、これからの高橋さんのビジョンを聞いてみたいんですよ。

高橋 ビジョン、ないんですよね（笑）目の前にあるつながりとか、僕のところに来ていただいた方に話をするのが、自分たちの積み重ねなので。こんなに古来種の野菜が全国にあるんだということを知ってほしいというのが自分たちの夢、目標というか。一人でも多くの人たちに野菜の素晴らしさ、面白さ、美味しさを知って頂きたいです。

岡本 イベントの企画とかも大事だと思うんですけど、そういう食べるイベントとか、種を採るイベントとか、そういうこともやっていくんですか？

高橋 種を採るイベントはやらないですねぇ。自分たちは、やっぱり食べる。食べて欲しい。そう、「食べて欲しい！」が一番ですね。

岡本 種市をどんどん回数増やしていくとかは？

高橋 ん〜。回数を増やせばいいって話でもないです（笑）。販売先を広げたからいいってわけじゃないからなんです。広げたら広げただけ寂しい思いするんですよ、野菜が。野菜は自分で話しをしないから、誰かが野菜について、じっくりと語らないと野菜に申し訳なくて。先祖にも申し訳ないなっていう想いがあるから、今あんまり広げるっていう感覚を持ってないですね。

岡本 僕はね、自家採種の種を増やしたくて、今、全国を回ってるんですよ。いろんな方に種の採り方を教えてるんですけど、その時に、バイオテクノロジー企業さんに頼らない作り方も教えていく、無農薬無肥料で古来種を作っていく。作っていく人が増えると、古来種の野菜の流通も増えていきますからね。

高橋 市場では、海外産の野菜がどんどん入っているんです。これからも入るでしょう。韓国産だとか、中国産だとか。海外輸入ものの野菜が増えてる現状。最初はびっくりしますよね。そして安い。レストランも仕入の原価下げたいわけだし、安い食材っていうのはいいですよね。それだけ、選択肢が増えているということです。そして古来種の野菜も、その選択肢の中の一つなんです。だから、古来種の野菜を食べる人が増えてほしい。

岡本 食べる人が大事ですよね。食べる人が食べる人を増やしたらいい。

高橋 いやほんとうにそう思います。ただ、古来種の野菜を食べる人が100%になってほしいとは思ってなくて、多分1%なんだろうなって。古来種だけの世界を作りたいと思っているわけじゃないです。多分、ずっと1%なんだろうと思いますよ、50年、100年経っても、古来種の野菜の世界は（笑）。

岡本 僕もそう思います。経済優先の生き方もあるし、こういう古来種のように、自然と共生する生き方もあると思います。農業と農の違いと同じように。でも、やっぱり古来種の野菜が増えていくことを、僕は望みたいです。そして、種を守り続けてほしいと思います。今日は、本当にありがとうございました。

高橋一也（たかはし　かずや）

1970年生まれ。高等学校卒業後、中国上海の華東師範大学に留学。その後（株）キハチアンドエス青山本店に調理師として勤務するなか「有機野菜」と出逢う。1998年に自然食品小売業（株）ナチュラルハウスに入社。世界のオーガニック事情を捉えながら、同社の経営に携わる。2011年3月の東日本大震災をきっかけに、warmerwarmerとして独立。古来種野菜（固定種・在来種）の販売事業の構築、有機農業者支援、次世代のオーガニック市場の開拓を目的に活動を開始。テレビ東京「ガイアの夜明け」や、その他多数メディアにて取り上げられている。著書に「古来種野菜を食べてください」晶文社。NHKラジオ　ラジオ深夜便にて「やさいの日本地図」のコーナーを担当。

第4章　種は誰のものなのか

植物の遺伝資源は人類の共通財産である

前章で、遺伝子組換え種子には知的財産権である特許が与えられているという話を書きました。これは、種の権利を企業が独占することであり、僕は農民の権利を侵害するものだとして、大変危惧しています。

１９８４年、１９８５年に、二つの遺伝子組換え種子の特許が出願され、それが認められ、１９９６年ごろより、遺伝子組換え作物が大量に出回るようになりました。これは、世界貿易機関（ＷＴＯ）体制の成立により、遺伝子組換え食品の輸出入に関する国際的な取り決めが作られることになった頃から始まっています。ＷＴＯでは「衛生植物検疫措置の適用に関する協定（ＳＰＳ協定）」と「貿易の技術的障害に関する協定（ＴＢＴ協定）」という二つの協定により、日本にも輸出入の基準に変更を求めてきて、遺伝子組換え作物の輸出入の自由化が加速しました。この作物は、食の安全性を脅かすと同時に、種の特許という企業独占を認めるものとなります。

植物の遺伝子の資源は、いったい誰のものなのか？　その大切な議論が、ＷＴＯや国、企業等だけで行われ、農民は積極的に参加できない状況で決められてきたという経緯があります。そのため、遺伝子組換え種子を開発する企業にとっては有利な内容になり、農民には不利な内容になるということがしばしば起きています。本来、植物の遺伝資源は、一企業のものではありません。自然界が何千年、あるいは何億年という長い期間を経て現在の姿にしたものです。その作物に、人の知恵で遺伝子を組み換えたところで、その植物の権利までをも手にすることはできません。権利

種子に関する国際条約

1）生物多様性条約（CBD）

一般に「人類共通の財産」と考えられていた遺伝資源に対して、原産国の主権的権利が認め、遺伝資源を利用する際には事前に遺伝資源提供国の同意を得ること、ならびに遺伝資源の利用から生じる利益を公正かつ衡平に配分することを定めた

2）食料及び農業のための植物遺伝資源に関する国際条約（ITPGR）

植物遺伝資源の取得を促進し、それらの保全と持続可能な利用ならびにその利用から生じる利益の公正かつ衡平な配分を行うことで持続的農業と食料安全保障を図ることを目的とする

3）植物の新品種の保護に関する国際条約（UPOV）

植物の新品種を育成者権という知的財産権として保護することにより、植物新品種の開発を促進し、これを通じて公益に寄与することにあり、このために植物新品種の保護の水準等について国際的なルールを定めている

を手にできるのは、遺伝子を組み換えるという技術だけです。

遺伝子組換え種子についてだけでなく、遺伝子を組み換えていない通常の交配種とて、同じことです。人の手によって交配させてきた結果としての特殊な植物だから、その権利は人にある、ということを言う人もいますが、人はその植物をゼロから作り上げたわけではありません。交配させる植物と植物を決めてきたに過ぎないのです。ですから、たとえ交配を重ねてきたところで、植物の遺伝資源自体は、やはり植物自身のものであり、企業に遺伝資源の権利を与えるという行為は、数千年、数億年の植物の営みすらも、一企業のものとしてしまうことになります。

ところが、その対極にあるのではと思われるような条約もあります。日本は2013年、「食料・農業植物遺伝資源際条約」という条約に締結しています。この条約では、先ほどの話とは全く違った条文があります。そこでは、世界中の農民が、農作物の遺伝資源を保全し、貢献してきたのだから、当然、採種に関しての権利は守られるべきだとしているのです。

この条約は、FAO（国連食糧農業機関）が2001年11月に116カ国の賛成で採択した、生物多様性を保護するための条約ですが、日本の農林水産省は批准することに抵抗を示し、棄権という態度を示してきました。この条約に批准すれば、知的財産権のある種子の自家採種を手放しに認めることになるからです。もちろん米国とて反対の意思を貫いてきました。

しかし、2013年に農林水産省は批准に動き、現在では農民の権利を守るという方向性にも同意しており、結局は、これが種苗法の中で、自家採種を禁止してこなかった根拠にもなっています。

私たち農民は、種を生み出すのが仕事です。そして優良な種子を残し、その種で国民の食料を作り出していく神聖な仕事です。種を採る権利は農民にあります。もちろん農民だけではなく、誰にでもあるはずです。その世界中の人たちの共通の財産である種を、一企業が独占するということ自体が、間違った方向です。南アメリカを始め、世界中で起きている自家採種禁止への農民の抵抗は当然の結果であり、逆に言えば、政府は農民の採種の権利を守る方向にいくのが当たり前のはずです。採種する農家が増え、誰に支配されずとも食料を生み出せる国民が増えてこそ、国力というものは強くなるのです。政府が、どのような政策を進めよう

農民の権利

- 食料及び農業のための植物遺伝資源に関する国際条約 (ITPGR) において、第9条で「農民の権利」を明確に定めている

- 農民の権利とは、世界中の農民が、植物遺伝資源の保全、改良及び 利用可能性の確保において、これまで果たしてきた、現在果たしている、そして今後も果たすであろう貢献に基づく権利である。

が、私たち農民は、常に採種の権利を主張し、そして採種し続ける必要があります。それが農民の仕事なのです。

しかし、現実には、「食料・農業植物遺伝資源際条約」があるにも関わらず、世界では、やはり種の権利を企業に与えるという方向に向かっているのです。

自家採種をしなくなった世界の農民たち

ところで、今まで書いてきたのは知的財産権の中の特許権の話でしたが、種に関する知的財産権には、もう一つ、別の権利があります。

まず、知的財産権について説明しておきます。農業や種に関する知的財産権には、主に二つの権利があります。一つは育成者権というものです。これは、日本でも多くの種に与えられており、種子開発企業が費用をかけて新しい品種を開発した場合、その品種が他の形質と違うことが明確であれば、申請によって与えられる権利です。開発した種子の育成者権を農林水産省に申請し、認められて品種登録された場合、その種に関しては、育種する権利を独占できるというものです。簡単に言えば、その種を譲渡したり、勝手に増殖したりして販売してはいけないということです。これは国内法である、種苗法によって決められた権利です。

　新しい品種を開発すれば、ある程度の権利を与えるべきなのは当然でしょう。この権利を与えなければ、企業は新品種を開発しなくなります。せっかく良い品種を作っても、他社が同じ品種の種を販売してしまっては、研究開発費の回収ができなくなります。ですので、ある程度の権利を与えるのは致し方ないと思いますが、農民がこの種を自家採種することまで禁止するべきではありません。種を増殖するのは、人類に与えられた当たり前の権利です。その種を農民が販売したり、譲渡したりすることは制限されたとしても、「食料・農業植物遺伝資源国際条約」で謳われているように、自家採種し、次期作に利用する農民の権利は守られるべきです。

事実、種苗法では、品種登録された新品種で

種の関する二つの知的財産権

・育成者権（種苗法）
植物の新たな品種の育成をした者は、その新品種を登録することで、登録品種等を業として利用する権利。

＊この品種の種子を増殖・育成し、販売したり、譲渡してはいけない
＊農民が、次期作として利用するのは構わない

育成者権

種子開発企業による新品種開発

・特許権（特許法）
有用な発明をなした発明者またはその承継人に対し、その発明の公開の代償として、一定期間、その発明を独占的に使用しうる権利。

＊この品種の種子を増殖してはいけない
＊農民が、次期作として利用するのも特許侵害となる

特許権

種子開発企業による新品種開発

あっても、自家採種を厳しく制限するということはしていません。その件については、次の章でくわしく書きますが、自家採種の権利自体は守られています。

しかし、同じ知的財産権でも、特許権となると別問題です。種に特許を認めてしまうと、複製が禁止されます。例えば、ボールペンに特許があるとして、そのボールペンを複製したら、これは特許侵害となります。特許は、複製した時点で侵害なのです。種に特許を与えるということは、つまりは作物が種を付けたら複製となりますから、これは特許侵害となります。先に書いた育成者権では、複製するところまでは侵害となりません。農民が種子を複製するのは、当たり前の権利であることは世界的にも認められていますから、複製して利用することは禁止されません。ただ、複製した種子を販売したり、譲渡したりすることが禁止されるだけです。ですが、特許は複製、つまり自家採種した時点で特許侵害であり、当然違法でもあり、民事的にも損害賠償対象となります。これはおかしな話です。農民の自家採種までをも禁止してしまうということになるのです。確かに特許的な技術はあるのかもしれませんが、それは遺伝子を組換えたという技術に対する特許であり、作物に対する特許ではないはずです。しかし現実には、自家採種は特許侵害なのです。

それにより、多くの問題が世界中で起こりました。もっとも有名なのは、カナダのパーシー・シュマイザー氏による遺伝子組換え菜種の特許侵害問題です。これは、シュマイザー氏が特許のない、普通の菜種を栽培していたところ、隣の畑の遺伝子組換え菜種と勝手に交雑してしまい、シュマイザー氏の畑で、遺伝子組換え菜種が育ってしまったことに起因します。シュマイザー氏は、遺伝子組換え種子と交雑したのは、もちろん意図的ではありませんし、自分の畑で育っている菜種ですから、普通に自家採種したところ、その権利を持っている企業から訴訟を起こされてしまったのです。

結果、訴訟合戦となり、シュマイザー氏は敗訴しますが、しかし、自分の畑で育った菜種の自家採種をしたことで特許侵害になるというのは大変おかしな話です。そうしたことは、カナダやアメリカなどの北米では多発しており、ことごとく、農民の敗訴や泣き寝入りを強いられてきています。

インディアナ州の農民ヴァーノン・ボウマンが購入した大豆に遺伝子組換え種子が混入したことで訴えられた事件も有名な事件となりました。この時も、ボウマン氏が意図せず播種した種の中に、遺伝子組換え種子が混ざっていたということで、特許侵害として訴えられています。この訴訟もボウマン氏は敗訴しています。

もちろん、僕は裁判官でも検察でもありませんから、事実関係はわかりません。インターネットの情報や活動を共にしている仲間からの情報だけが頼りですので、それ以上のことは調べようがありませんが、少なくとも、種に特許を与えてしまったがために起きている事件であるのは間違いありません。

こうした例が後を絶たず、農民たちは、訴訟への不安から、自家採種することが難しくなってきています。万が一、特許のある種が混ざっていた場合、訴訟という結果が待っているからです。これは、農家の自家採種を無言で禁止しようとする圧力ともとられてしまいます。事実はそうでなくとも、恐怖心というのは、たとえそれが正義であっても、人の行動を変えてしまうものです。

この問題は北米だけの問題ではありません。遺伝子組換え種子に関しては、ブラジル、インド、アルゼンチンなどでも起きています。特にインドでは大規模訴訟にまで発展した事件もあります。インドでは綿花を栽培していますが、元々の在来種が消え、現在は多くが一企業の遺伝子組換え種子による綿花に変わっています。この遺伝子組換えの綿花の種には特許がありますから、農民は特許使用料が加算された数倍もする種を購入したのにもかかわらず、一切の自家採種は禁止されています。もし自家採種した場合、特許使用料を再度、企業に支払わなくてはならず、そのことが二重の利益搾取になるのではないかということで、訴訟になったわけです。こうした訴訟は、インドでは日常茶飯事であり、それでなくとも、決して豊かではなく、農作業に忙しい農民たちは、訴訟で疲れ果て、あるいは遺伝子組換え種子による不作、農薬や肥料を抱き合わせで買わされることでの費用負担などが圧し掛かり、自殺者も激増したとも言います。

種の権利を一企業に与えたがために起きた訴訟であり、この訴訟が終わることなく、延々と今でも続いているのです。もちろんインドの最高裁もただ企業の言いなりではなく、2018年5月、遺伝子組換え綿の種の特許を認めないという判断を下すなど、農民側に有利な判決も出しています。この判決は、種の多様性を保持し、農家の権利を守る決定的な判決として、注目されてはいますが、そもそも、こうした訴訟が起こされていくこと自体が、おかしな話なのです。

種の知的財産権による食糧支配の世界

次の章で詳しく説明する「植物の新品種の保護に関する国際条約」(UPOV条約)というものがあります。この条約は、国内法の種苗法と関連しており、輸出入によって侵害させる種の知的財産権を守るための条約です。植物の新品種を各国が共通の基本的原則に従って保護しようとする条約であり、そのことにより、各国の優れた品種の開発を守ろうというわけです。

日本でも過去にイチゴ、ブドウ、リンゴ、モモ、その他の柑橘類などで、日本が育種し品種登録した品種が、韓国や中国に渡り、許可なく栽培された後、日本に作物として輸入されたという事件が相次ぎました。日本の人気の品種のイチゴと、別の日本のイチゴを韓国で無断で掛け合わせて、別な品種を作って逆輸入させるという方法だったりするわけですが、もちろん、日本も黙っていたわけではなく、２００８年韓国に対して年間3億円ほどの権利費用の請求を行い、輸入差し止めなどを行っています。

　こうした問題は日本だけに限らず、世界中で起こり、国際的な条約として、日本もＵＰＯＶ条約を締結しました。この条約を締結することで、日本の品種の知的財産権である育成者権を無視した海外流出から守ろうとしたわけです。

植物の新品種の保護に関する国際条約（UPOV）が必要な理由

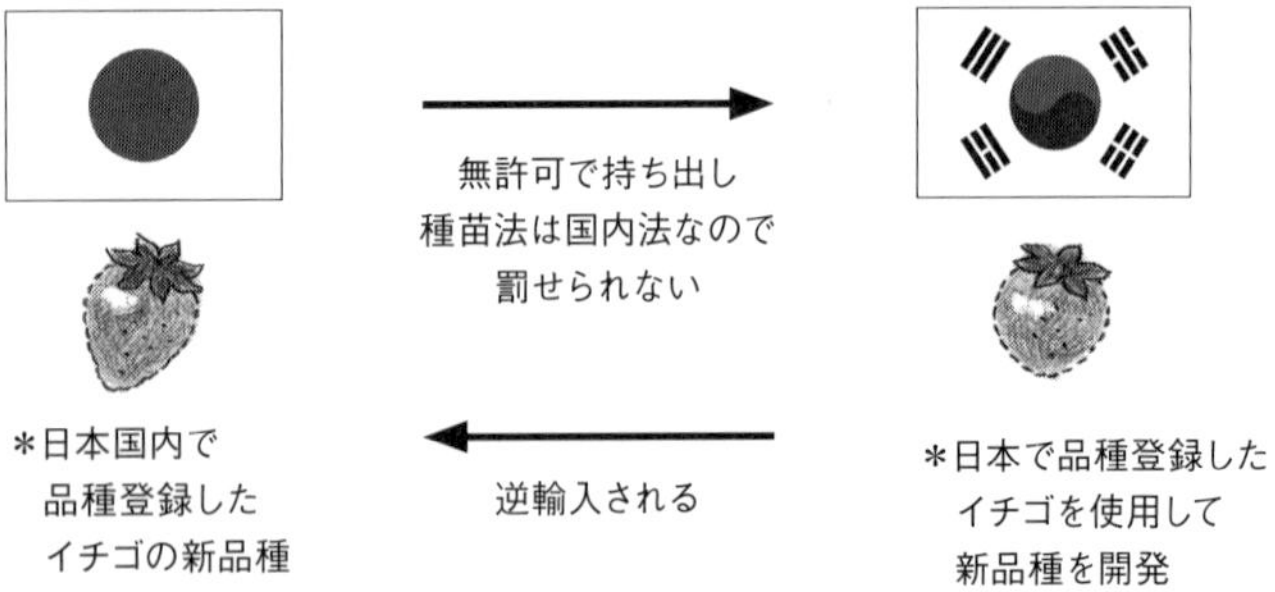

韓国日本が UPOV 条約に加盟した時点で、日本は韓国に損害賠償請求を行う

この動き自体は決して問題あるわけではありませんが、UPOV条約内では、原則、自家増殖は禁止しています。自家増殖とは、自家採種を含む、収穫物を次期作付に利用することをいうのですが、自家増殖を禁止すれば、当然のごとく、農民は知的財産権のある品種に関しては、毎年、必ず種を買い続けなくてはならなくなります。つまり、農業を続けていくためには、種を買うという行為が絶対に必要になるということです。農業をやるからには、ガソリンを買うとか、農薬、肥料を買うということは必要でしょう。そのため、種も買うと言っても、ピンとこない人の方が多いのですが、これはきわめて危険なことです。

自分の国を守るためには、まず戦略物資でもある穀物のコメ、麦、大豆を自給する力を持たなくてはなりません。この力を奪われると、この国は、簡単に他国の植民地となります。食料が無くなれば、戦っていくことも、守っていくこともできません。ですので、まずは主食を自給できる力を持つべきなのです。コメ、麦、大豆に限らず、食料というのは自給できてこそ、防衛力となるわけです。

農業において、仮に資材である農薬や肥料が手に入らなくなっても、作物は作れます。現在では自然農法や自然栽培という農法のように、無肥料、無農薬で作物を作る技術があるからです。そもそも植物には、本来農薬や肥料など必要ありませんでした。しかし、種だけはどうにもなりません。種が手に入らなければ作物は作れないのです。無肥料、無農薬であっても、種がなければ、結局、現金で種を買う必要があります。その場合、どんなに高い値段を提示されようが、その種を買ってでしか作物が作れないのならば、買うしかありません。買うお金がなければ、作物を作るのをあきらめざるを得ません。これが大問題なのです。

種を買わなくては食料を生産できないというのは、つまりは食糧支配です。種を独占され、権利を持つ企業が売り惜しみをした場合、その企業の前にひざまずき、種を売ってくれと懇願するしかありません。そうなると、種を持っている人たちの権力は想像を超えて大きなものとなってしまい、我々農民は、逆らうことができなくなります。もちろん、作物を食べる消費者とて同じです。日本は、今や、エネルギーも、水も、種も支配されつつあります。食料自給率を上げるなどと大きなことを言ったところで、肥料も農薬も資材もエネルギーも、そして種までも輸入に頼っていたのでは、自給率など限りなく0％に近いのです。

このようにして、力の強い国は、力の弱い国から自家採種をする術を奪っていき、支配していこうとします。南米のチリでも、あるいはコロンビアでも、自家採種禁止法案が出されました。可決した国もあり、否決した国もありますが、これも元はＵＰＯＶ条約で、自家増殖を原則禁止にしているからです。コロンビアなどでは、農家の暴動が起きて、施行が遅れていますが、これは暴動が起きるほどの大問題なのです。

しかし、日本の方々は、そのことに気付いていません。気づかれないようにことが進んでいるのかもしれませんが、もともと自家採種をしなくなった日本の農民たちの無関心が、自家採種禁止を加速させているとさえ思います。自家採種が禁止されることが、どれだけ危険なことなのか、むしろ経済的に成功していない国の農民の方が高い関心を示していて、無関心な日本においては、どんどん国内法が変わりつつあるのです。

第5章 法律で自家採種が禁止される？

主要農作物種子法廃止では何が変わるのか

幾度か書いてきたように、自家採種が禁止されるという動きが、世界中で起きています。そしてその動きは、着実に日本にも迫っています。

僕らのように種を仕事の道具としている職業の場合、その種にどのような権利が与えられているのかということがとても重要です。普段、あまり気にしていない方も多い種の権利ですが、今手にした種は、誰かが費用をかけて開発し、育種し、採種したものですから、当然、前章までに説明したとおり、知的財産権という権利が与えられています。

種に関する国内の法律も制定されていて、主に二つあります。ここからは、今まで説明してきた知的財産権に関して、国内法ではどのように扱っているかという点について、専門家でも弁護士でもない僕が、農家の目線から、誰にでもわかるように説明していこうと思います。

　種に関する法律は、主に二つあります。一つは主要農作物種子法という法律、もう一つは種苗法という法律です。

　前者の主要農作物種子法は2018年3月いっぱいを持って廃止されました。この法律は、「種子法」という通称で呼ばれ、最近になって、農家や家庭菜園の方にも知られるようになりました。この法律が廃止されるということで、自家採種が禁止されるという噂が流れたことで認識されるようになったのですが、実際には種子法という法律は存在せず、これはあくまでも「主要農作物種子法」という法律です。では、主要農作物とは何かと言えば、日本の戦略物資でもある、コメ、麦、大豆のことを指します。種子法と通称で言ってしまうと、野菜や花

種に関する法律

主要農作物種子法

・行政法。県に対し、主要農作物である、米、麦、大豆の種子の原種、原原種を維持管理し、新品種を開発する義務を課す法律
・県により奨励品種が定められ、買取価格が高くなる。

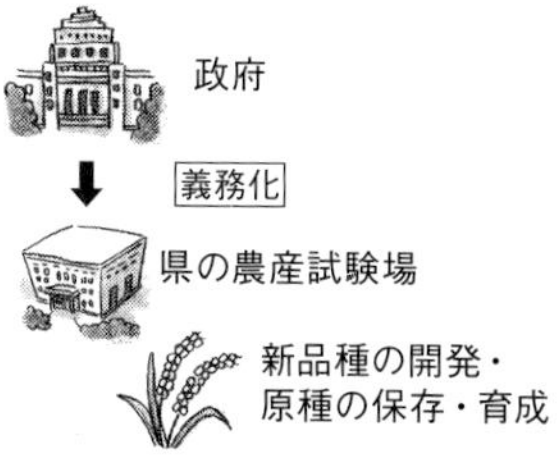

種苗法

・知的財産法。開発した新品種の種子の知的財産権を定めた法律
・企業や個人が開発した新品種の種子で、明らかに他と異なる形質が認められる場合、新品種として登録することで、その知的財産権の育成者権を占有することができる。

なども種子も含まれてしまうと考えてしまいがちですが、通称は種子法であっても、コメ、麦、大豆に関する法律でしかありません。また、この法律は、国民に課した法律ではなく、行政法という、つまり行政に対して課した法律です。この行政法が廃止されたことにより、自家採種が禁止されると大騒ぎになっているようですが、冷静に見てみると、この主要農作物種子法と自家採種禁止は、基本的には関係ありません。この法律は、あくまでも行政に課した法律だからです。このことを少し詳しく説明していきましょう。

まず、明治時代に遡れば、コメの品種は数千に及ぶ数があったと言います。これは農家たちが自分たちの田んぼで育種し、自分たちの食味に合ったコメを育てていたからです。日本以外の東南アジアやインドなどでは、今でも数千ものコメの品種があると言います。

さて、昭和になり大東亜戦争、いわゆる太平洋戦争ですが、この大きな戦争が勃発し、日本国内では多くの働き盛りの農家が戦争へと駆り出され、田んぼは次第に荒れ始めました。また、農家が育種してきたコメの品種もどんどん消えていくという事態が訪れます。日本人のソウルフードであるコメ、麦、大豆はとても大切な食糧です。コメは主食ですし、麦は蕎麦やうどんになり、大豆は味噌や醤油になります。

この主要農作物が栽培できないとなると、日本という国の国力は弱まり、侵略により、他国に支配下に置かれてしまう可能性があります。そこで国としては、国民に安定的にコメ、麦、大豆を供給していく必要に迫られ、食糧安定供給のために、食糧管理法という法律を制定します。これは1942年の東条内閣の時です。この法律により、農家が栽培したコメは政府が全て買い上げ、価格を安定させて市場に送り出すという流れができます。戦争の最中ですから、こうした法律は必要不可欠だったのでしょう。

1945年に終戦を迎えたあとは、農家の多くが戦死者となり、田んぼはさらに荒れ放題で、ついには国民にコメが行き渡らないという状態に陥ります。また、GHQによるパンや牛乳食が進み、農家もコメ作りへの意欲がそがれていき、コメの育種が行われず、日本の在来種であるコメは衰退へと進んでいきます。そこで、食糧管理法だけではなく、コメなどの育種を県に義務付け、安定的にコメなどの種を供給する法律の必要性が生まれ、1952年に主要農作物種子法という法律が制定されました。主要農作物種子法とは、県にコメ、麦、大豆の育種を義務付け、優良な種子を県の財産として残していきなさいという法律であり、農家は安定的にコメの種を手に入れることができるようになり、食糧増産計画にのっとり、多くのコメが市場に出回るようになりました。

その後、化学肥料や農薬、農業機械などの普及により、コメの生産量はどんどん増えていき、ついには、コメの生産調整でもある減反政策へと進んでいきます。平成の世の中になり、食糧生産も安定してきた現在においては、ついには食糧管理法の必要性は失われてきました。農家が作ったコメは、全て政府が買い取る必要もなく、むしろ農家は自分で作ったコメを自分で販売したいと思うようになります。そして食糧管理法は必要なくなったと判断した政府は、平成7年に廃止しました。それ以来、農家の自主流通米は合法となり、無農薬や有機栽培のコメが、市場に出回るようになったのです。そして新たに、食糧法という法律が制定され、政府米ではなく、民間による流通を主体とした管理調整を行う体制が整います。

さて、食糧管理法は廃止されましたが、主要農作物種子法と減反政策は残りました。食糧管理法と主要農作物種子法は兄弟のような法律です。片方は主要農作物の種に関する法律であり、片方は主要農作物の流通に関する法律です。

流通の方の法律だけ廃止されて、種に関する法律だけ残るのはおかしな話ですし、食糧管理法とも深い関係の減反政策まで残るのも、客観的にみると偏った政策です。そこで、平成30年、食糧管理法の廃止から23年を経て、主要農作物種子法が廃止され、減反政策も廃止されることになったわけです。

さて、ここまでの説明を読んでいると、主要農作物種子法は必要であるし、それにより国民の食糧が守られてきたのだと誰もが思うでしょう。確かに当時は必要な法律だったのでしょうし、それにより、コシヒカリなどの現代のコメが安定的に供給されていたというのも事実です。ですので、この法律が廃止されたがために、コシヒカリなどの日本の中でもシェアの大きいコメが無くなると騒ぐのも分かります。しかし、この法律の廃止が、国民の自家採種を禁止することになるという連想ゲーム的な発想は、少し短絡的ではないかと僕は思います。

さて、この法律を別な見方をしてみます。

主要農作物種子法は、言ってみれば、主要農作物の種を県が独占するという法律ともいえます。事実、現在、日本に出回っているコメなどの種は、県の農業試験場で開発された種ばかりです。明治時代のような民間の育種によるコメの品種というのは、ほとんど見かけなくなりました。明治時代にあった数千もの育種が消え、県の試験場

主要農産物種子法の二面性

●良い面

コメ、麦、大豆の種の安定供給

政府

⬇ 義務化

県の農業試験場

新品種の開発・原種の保存・育成

県の育種は、奨励品種となり得る

県による安定的な品種開発
安定的な種籾の供給が可能

●悪い面

民間育種の消失

民間育種は奨励品種にはならない

種籾の保存ができない
奨励品種とならないため価格は安い
農家の育種によるお米は農協で流通できない
結果、農家による育種が行われなくなった

4000以上あった
農家育種のお米などが消え、
県が開発した品種のみとなる

で開発された種だけになっていった原因のひとつは、主要農作物種子法があったからです。コシヒカリという品種は福井県の農業試験場で生まれ、各県に広がり、それぞれの県で品種改良し、固定してきたコメです。今は、権利は消滅していますが、元々は県が権利を持っていたコメです。

農業試験場とは、元々国により運営されてきた、農業用種子の研究機関であり、現在は県の運営に変わっています。独立行政法人化した試験場や、財団法人が運営する農業試験場もありますが、ここでいう農業試験場は、県立の農業試験場のことです。

主要農作物種子法は、県に育種を強制すると同時に、この法律の中で、奨励品種制度という制度を生み出しました。県は地元の農業試験場で開発したコメの品種を奨励品種にし、奨励品種に関しては、高く買い上げるということを始めたのです。また買い上げたコメは、地元の農協が流通に乗せます。そのため、多くの農家は奨励品種ばかりを作付し、ついには民間育種のコメはほとんど作らなくなりました、つまりは、主要農作物種子法により、コメの多様性がどんどん失われていったという見方もできるのです。

また、こうした奨励品種や買い上げ制度により、無農薬や自然栽培、自然農法のコメというのは、まともに流通させることができないでいました。どんなに頑張って、農薬を使わず、肥料も使わずにコメを作っても、農協経由で販売することができないので、結局、売り先を見つけられない無農薬農家は減少の一途をたどったのです。しかも、県の育種の種は、当然、県が権利を持ちますから、自家採種して次期作に使用しても、事実上、コメの品種名を名乗ることはできず、農協経由で流通に乗せることもままなりません。結局、農家は主要農作物種子法があったがために、コメ、麦、大豆の自家採種ができないでいたという事実もあるのです。

このように、法律には二面性があります。主要農作物種子法があったがために、無農薬のコメの流通が阻害され、奨励品種制度により、民間育種の品種が消え、自家採種をする農家が激減していってしまったのです。もちろん、単なる行政法ですから、自分でやりたい人は自分で育種し、自家採種して自主流通させても構わず、違法ではありません。しかし、そうしたことをする農家を減らしてきたのは、間違いなく主要農作物種子法が原因の一つですから、僕は、この主要農作物種子法も、減反政策も、奨励品種制度も、条件付きで廃止されるべきだと思っています。

条件付きとは、こういう理由からです。今まで、県が税金を投入して、県の農業試験場で新しいコメの品種を生み出してきたのは事実です。このことまで否定するつもりはありません。「日本晴」、「ササニシキ」、「コシヒカリ」、「あきたこまち」、「ミルキークィーン」など、食味の良いコメを生み出してきたのは、みなさんの税金によるものです。そういう意味では、主要農作物種子法が根拠となり、県が税金から種子開発の予算を割り当てしてきた流れは寸断されてしまう可能性はあります。県が独自に新しい品種を開発していくということには、地域の特産物を守るということでもありますから、今後も必要なことです。ですので、主要農作物種子法が廃止された後は、県がそれぞれの条例を作り、今までと同様に、農業試験場にて、新しいコメ、麦、大豆の品種を生み出していく必要はあると思います。ただ、繰り返しますが、主要農作物種子法が廃止されたから自家採種が禁止されるという情報は間違いですし、古い法律ですので、再び復活させる必要性を僕は感じません。新たな県の条例を作り、県の特産物として、コメ、麦、大豆を守っていけばよいのです。

奨励品種制度という依怙贔屓《えこひいき》な制度も必要ありません。良いコメは県の開発品種と決めつける必要もありません。民間育種のコメであっても、品質が高いものはたくさんあります。農薬や肥料を使わずに育てたコメは、化学物質過敏症の方でも食べられる可能性が高いし、なにより、安心して食べることができます。奨励品種制度では、無肥料無農薬の自家採種のコメは対象外だったわけですから、本当の意味でも良い品種を、もっと依怙贔屓なしで認めてあげるべきだと思います。

なぜ、自家採種禁止と言われているのか

さて、では、なぜ自家採種禁止という情報が出回り、大騒ぎされているかについて、僕なりに簡単に解析していきたいと思います。

民間育種というと、農家自身の育種のことでもありますが、もちろん企業による育種も該当します。今ではむしろそちらが主流でしょう。主要農作物種子法があれば、企業が開発したハイブリッド米と言われる、いわゆる機能性の高いコメが奨励品種になることはなく、企業の開発した品種を農協経由で販売することもなかなかできませんので、今までは企業が開発したコメを栽培する農家は少なかったのは事実です。大量に栽培しても、農協から卸に回してもらわないと、農家は売り先に困りますし、仮に流通してもらえたとしても、価格は決して高くなりません。現在、企業が販売するコメの種で栽培した場合は、企業側が販売先を紹介するという方法を取っています。そのため、今までは企業の種を購入して、コメを栽培する農家は少なかったわけです。

それが、主要農作物種子法が廃止され、県独自の条例も作らずにいたら、県は予算を組めず、新しい品種など作れません。県は、今のコシヒカリなどの品種を農家に作ってもらうために、原原種の栽培を特定の農家に委託していました。つまり、日本国内の採種農家

にコシヒカリの原原種を作らせていたのです。その原原種を基に、県の農業試験場が原種を栽培し、その原種を苗にして農家に販売してきました。しかし、そうした原原種の栽培や、原種の栽培の予算や、品種開発のための研究費用が与えられなければ、当然、コシヒカリなどの品種の種は、県から配布されることがなくなります。そうなった場合、農家は、致し方なく、企業のコメの種を購入せざるを得なくなります。今まで自家採種などしてこなかったのですから、残念ながら、種を自分で採るなどということをする発想がなく、どこで種を買おうか右往左往するかもしれません。そのとき、企業が甘い言葉をかければ、そちらに向かう可能性があります。収量が多いとか、病気に強いとかというメリットをアピールするからです。

企業の場合、税金で開発し、種子生産しているわけではなく、あくまでも営利企業として行うわけですから、当然、開発費用、経費、利益を種の価格に乗せます（7～10倍と言われています）。さらには、企業が開発したものですから、自分たちの権利を主張します。これがいわゆる知的財産権です。

種の権利を主張するわけですから、もちろん、自家採種を禁止します。これは法律的に禁止するというより、農家との契約により禁止するということです。種を購入するときに、契約書を交わすわけですが、そこに自家採種はしてはならないと記載されているということです。つまり企業の種を購入してコメを作った場合、契約上、自家採種が出来なくなるということを言っているわけです。これは事実です。主要農作物種子法が廃止され、企業のコメの種が市場に増えてくると、おのずと自家採種が禁止されているコメの生産量が増えるということなのです。

ただ、これは今に始まったことではありません。主要農作物種子法が廃止される前から、企業が販売するコメの種は契約で自家採種は禁止されてきました。つまり、主要農作物種子法と自家採種禁止とは、直接の関係はありません。単に、企業の種が市場に増えるだろうということを危惧しているのです。

企業のコメで、現在確認しているのは、三井化学アグロの「みつひかり」、住友化学の「つ

主要農産物種子法廃止と自家採種禁止の関係

★主要農産物種子法が廃止！

▼

県に課していた新品種開発の義務が無くなる

▼

奨励品種制度が廃止され、県の品種が特別ではなくなる

▼

企業が開発したコメ、麦、大豆の種子の販売が加速する

▼

企業は知的財産権を得て、契約で自家採種を禁止する

▼

ただし、種苗法により、契約で自家採種を禁止するのは合法であり、
今に始まったことではない。
主要農産物種子法の廃止と自家採種禁止は無関係である。

くばＳＤ」、日本モンサントの「とねのめぐみ」ですが、いずれも自家採種は契約上できません。また、企業のコメの種を購入する際、ある程度の栽培法を強制されます。これは、建前は収量を保証するためですが、栽培失敗による品種イメージを損なわないようにする事前策だと思います。そのため、使用する肥料や農薬、その量や回数などを指定されることもあるということですので、これはある意味、企業の支配下に入るということであり、大きな問題です。企業の指定する農薬や肥料を使わなくてはならず、使用する量、栽培法を指定し、指定することで品種イメージや収量を守り、万が一守らなかった場合は、流通できなくなるかもしれません。もっとも、これは農協も同様な仕組みでした。農協経由で降ろす穀物や野菜に関しては、ある程度の指針に則った栽培をしなくてはならないのです。つまり農協支配から企業支配に変わるということです。

僕から見ると、農協支配よりも企業支配の方が由々しき問題です。農協経由の場合、県の試験場の種ですから、税金を納めてさえすれば、売り切れない限りは、種を買う権利というものがあります。しかし、企業の場合は買う権利はありません。企業には売る権利はありますが、農民には買う権利はないです。それが民間同士の売買の鉄則です。嫌な人には売らないという態度であっても、決して違法ではないからです。

企業の場合、先に書いたように権利を強く主張し、契約上、自家採種を禁止します。この契約にサインしない人には売らないということは可能なわけです。何とも怖い話です。

では、どうすればよいのかですが、自家採種したいのであれば、企業のコメの種は購入しないことです。県の種であれば、自家採種は可能です。これは種苗法の中でも認められている行為であり、農家の次期作のための自家採種は、原則認められていますので、県の品種であれば、自家採種禁止の契約書を交わしていませんし、そうしたコメを、自家採種しながら、作付し続ければよいのです。

ただし、今後、県の品種とて自家採種禁止になる可能性はあります。そうなると、本気で自家採種ができるコメが無くなります。自家採種し続けたいのならば、今のうちに自家採種をし続け、自らの育種品種に変えてしまうこと以外、方法はありません。逆に言えば、自ら採種することで、農家による民間育種を推進していけばよいのです。自分の食味に合うコメの種を残して、自ら育種した品種を生み出していけばよいのです。明治までは、そうやって農家は自分で育種してきたのですから。

しかし、そうはいっても、法律上での自家採種禁止の動きは進んでいます。それは、今説明した主要農作物種子法廃止とは関係ありません。関係あるのは、種苗法の改正の方です。次からは、本当に自家採種が禁止される可能性のある危機について説明していきます。

農業競争力強化支援法

主要農作物種子法の廃止と合わせ、国会ではもう一つ別の法案が審議され、可決されています。それが農業競争力強化支援法です。名前だけを見る限りは、日本の農業が強くなるような印象を与えますが、この法律で定めているのは優良な農業資材の供給とコストダウン、流通などのコストダウンを行うために、農業資材の業界や流通業界を再編し、あるいは新規参入を促すことです。この農業資材のコストダウンや流通のコストダウンのために、例えば全国農業協同組合中央会（全中）という、いわゆる全国の農協グループと頂点を一般社団化することなどが検討されており、それが農協解体とまで言われるようになりました。

この全中の強大な権限を社団化することで弱めようとしているように捉えられていますが、実際には、競争力を強化するために、一般企業の参入を促そうということであり、その背景には、多国籍企業やバイオテクノロジー企業などの、参入圧力があるようです。つまり、農協の一社独占状態から、一般企業の参入を促し、より良質な農業資材を安く導入させ、流通コストも下げることで、日本の農業を強くしようというわけです。しかし、表向きがそうなのですが、一般企業の参入が促されれば、大手の企業ばかりが一人勝ちし、

1997年の種子会社の売上世界ランキング

	種苗会社名	その後
1位	パイオニア（アメリカ）	デュポンが買収
2位	ノバルティス（スイス）	シンジェンタに吸収
3位	リマグレイングループ（フランス）	バイエルと業務提携
4位	セミニス（メキシコ）	モンサントが買収
5位	アドバンタ（アメリカ、オランダ）	シンジェンタが買収
6位	デカルブ（アメリカ）	モンサントが買収
7位	タイキ種苗（日本）	
8位	KWS AG（ドイツ）	モンサントと共同開発
9位	カーギル（アメリカ）	モンサントと業務提携
10位	サカタのタネ（日本）	

2007年の種子会社の売上世界ランキング

	種苗会社名	シェア
1位	モンサント（アメリカ）	23%
2位	デュポン（アメリカ）	15%
3位	シンジェンタ（スイス）	9%
4位	リマグレイングループ（フランス）	6%
5位	ランド・オ・レールズ（アメリカ）	4%
6位	KWS AG（ドイツ）	3%
7位	ハイエルクロップサイエンス（ドイツ）	2%
8位	サカタ（日本）	2%
9位	DLF（デンマーク）	2% 以下
10位	タイキ（日本）	2% 以下

（網掛け）遺伝子組換え種子を開発または販売する企業

中小企業が衰退していくのが、今までの例です。大手のスーパーが進出することで、商店街が消えていったように、商品は安くなるが、地域のつながりは途絶え、むしろ過疎化し、力は弱まっていくばかりです。

農業にも同じことが言えます。地域密着の農協体制が失われ、農薬や肥料、農業資材を製造販売する多国籍企業が台頭し、より大規模化農業が推進されていくでしょう。大規模になればなるほど、資材を使用しない農業がやりにくくなるという面もあり、つまり失敗の許されない、確実で大量生産の農業が必要になりますから、農薬や肥料、農業資材を手放す農業は難しくなります。また、もっとも懸念するのは種です。今や、種の権利を持つのは、大手の多国籍バイオテクノロジー企業です。農薬や肥料だけでなく、種に関しても販売を強化し、もちろん種の権利を強く主張することになるのは間違いありません。なぜなら、営利企業だからです。

この農業競争力強化支援法により、今まで県が権利を持っていた種が企業の手に渡るかもしれません。今まで県が維持してきた原種や原原種に関して、企業利用を促進させることが決まっているからです。企業はその種で新しい品種を開発しては、自家採種禁止の可能な交配種に仕上げて販売を始めていくでしょう。こうした市場への介入を、国が法律を作って過剰に行っていくということになりますし、結局は、多国籍企業やバイオテクノロジー企業の種子業界への参入をさらに促すことにもなります。

種苗法の改正は大問題

先ほど主要農作物種子法について説明しましたが、種に関する法律はもう一つあります。それを種苗法といい、いわゆる知的財産法です。知的財産法とは、開発した種の知的財産という権利を占有させる法律です。この法律は、コメ、麦、大豆だけに限らず、野菜、花など、植物全体に対する法律です。県であろうが企業であろうが、種を開発、育種するのには大きな費用がかかります。費用をかけて開発した品種ですから、当然、経費の回収だけでなく、利益を得るところまで達成しなければ、企業としては成り立ちません。もし、こうした経費を得ることができないのであれば、おそらく誰も新しい品種を開発することはなくなるでしょう。当然、次世代の新しい新品種を開発し供給していくことは必要でしょうから、開発した品種の種などが、他の企業に勝手に販売されてしまっては困りますので、その種に権利を与えるのは致し方ないことです。

種苗法では、新たに開発された品種が他の品種と明確に違う特徴を持っていて、その品種が農林水産省に育種登録され、認められれば、育成者権という知的財産権が与えられます。この育成者権を占有している者以外は、その品種の種や苗を、育種したり、もちろん、販売したり、あるいは譲渡してはならないと定められています。

このような法律と知的財産権により、企業は予算をかけて新しい品種を開発し、それを独占的に販売することで、経費の回収と、利益を得る仕組みになっています。この法律の中で、いくつか注意点がありますので、解説していきます。その一つは、育成者権の効力が及ばない範囲が決められていることです。この条文の中で、「その収穫物を自己の農業経営において更に種苗として用いる場合」には育成者権の効力が及ばないとなっている点がポイントです。つまり、農業経営において、農業者が自家採種すること自体は当然の権利であると認めているのです。種を採る権利は誰にも侵害できないと認め、農業者であっても、自家採種して次期作に使用しても構わないわけです。ただし、その種を販売したり譲渡したりすることは認められていません。

種苗法では自家採種は明確に認めているということですが、その先に、気になる条文もあります。「契約で別段の定めをした場合はこの限りではない。」とあります。つまり、企業から種を購入した際に、契約で自家採種を禁止することは違法ではないということです。ですので、先に書いたように、「みつひかり」、「つくばＳＤ」、「とねのめぐみ」などの種は、契約で自家採種を禁止できるわけです。現状、自家採種を禁止する契約を交わす種は少ないですが、企業が種を販売する際に、簡易的な契約書を交わすだけで、実は簡単に自家採種を禁止することができます。これは大変怖い話です。ホームセンターなどで種を買う時に、簡易な契約書にサインして買うことが当たり前になれば、当然、自家採種は禁止されることになるでしょう。つまり、もう自家採種禁止の駒は企業側が握っているということです。

ただし、あくまでも種苗法というのは、知的財産権である育成者権が与えられた種に関してだけの法律ですので、そもそも品種登録されていない育成者権のない種に関しては、自家採種を禁止することはできません。

現在の在来種や固定種に関しては、ほぼ育成者

育成者権の効力の及ばない範囲

（1）新品種の育成その他の試験又は研究のためにする品種の利用

①新品種の育成に使用するため、登録品種の種苗を増殖すること

②登録品種の特性を調査し、登録された特徴どおりのものであるかどうか確認するため、登録品 種の種苗を増殖し、栽培すること等は権利の例外となります。

（2）農業者の自家増殖で法令で定める場合

農業者の自家増殖とは、農業者（農業者個人と農業生産法人）が正規に購入した登録品種の種苗を 用いて収穫物を得、その収穫物を自己の農業経営においてさらに種苗として用いることです。

農業者の自家増殖については、原則として育成者権の効力が及びませんが、それを制限する契約を 結んだ場合又は種苗法施行規則別表第三に定められた栄養繁殖性檀物については育成者権の効力が及 び、自家増殖には許諾が必要です。

権は占有されてませんし、交配種であっても、品種登録には大変大きな費用がかかりますので、品種登録されていない交配種はたくさんあります。これらを自家採種し、次期作に使用しても問題はありません。ただ、交配種に関しては、自家採種すると形質が変わるという問題があり、事実上、自家採種する農民はほぼいない状況です。

それともう一つ気になる文章があります。「農林水産省令で定める栄養繁殖をする植物に属する品種の育苗を用いる場合は適用しない」という文章です。

この農林水産省令で定めるというが、今、一番僕が危惧していることです。なぜなら、栄養繁殖に限ってのことですが、収穫物を次期作に利用することを禁止できる品種に関しては、法律ではなく、省令で決められるということなので、国民の同意や国会の承認も必要ないということです。この、自家採種は大丈夫だけど、栄養繁殖は禁止される品種があるという点は、とても分かりづらいので、解説してみます。

まず、収穫物を次期作に再利用すること自家増殖といいます。自家増殖には、種子繁殖と栄養繁殖の二種類があります。種子繁殖は種子を採種し、蒔く方法で増やす繁殖を言います。一般的にはこの方法で繁殖させるわけです。大概、企業が開発する品種は交配種であり、二つの異なった品種を掛け合わせて作りますが、この掛け合わせの一世代目をF1と言います。一世代目のF1は2章で説明したとおり、雑種強勢の力や、メンデルの法則の優性の法則（現在は顕性の法則）が働きますので、品種的にそろった野菜や花ができます。しかし、このF１は、種子繁殖をすると、今度はメンデルの法則の分離の法則が働くため、親の形質を受け継ぎにくくなります。そのため、種子繁殖に関しては、知的財産権を侵害したと認めにくく、自家採種が禁止されていない場合が多くなります。この条文では、種子繁殖に関しては書かれていませんので、種子繁殖は制限されていないと解釈できます。つまり、先に書いたように、農業経営をおける自家採種した種子の次期作への再利用は認められているということです。

栄養繁殖とは、茎、根、葉、枝などで繁殖させる方法です。分かりやすい例でいえば、ジャガイモは収穫したイモを植えます。イモは根ですから栄養繁殖です。その他、サツマイモの蔓、イチゴのランナーなど、蔓で増やすのも栄養繁殖です。多肉植物で、葉を土に刺すと増える繁殖も栄養繁殖です。栄養繁殖の場合、親の形質をほぼ受け継ぎますから、同じような野菜や花ができます。この条文では、栄養繁殖を禁止する条文になっています。現在（２０１８年7月）の省令を見ると、過去には87種類だった禁止される栄養繁殖が、２８９種類に増えています。

種苗法では種子繁殖を認めていますが、栄養繁殖、つまり茎や根や葉で増やす繁殖の仕方には制限をかけており、制限をかけている種類がどんどん増えているということです。

これは、実に怖いことです。農林水産省令だけで決められるのですから、農家の意見など聞かなくてもどんどん禁止する種類を増やせるということです。

それともう一つ、この条文で気になるのが、「栄養繁殖する植物の属する品種」という書き方です。パッと見ると、栄養繁殖だけを禁止しているようにとらえることができますが、見方によっては、種子繁殖の野菜や穀物であっても、栄養繁殖もできる場合は含まれるという風にも解釈できます。たとえば、トマトというのは脇芽を土に刺すと、根を張って増やすことができます。これは栄養繁殖ということになりますが、通常トマトは種で増やしま

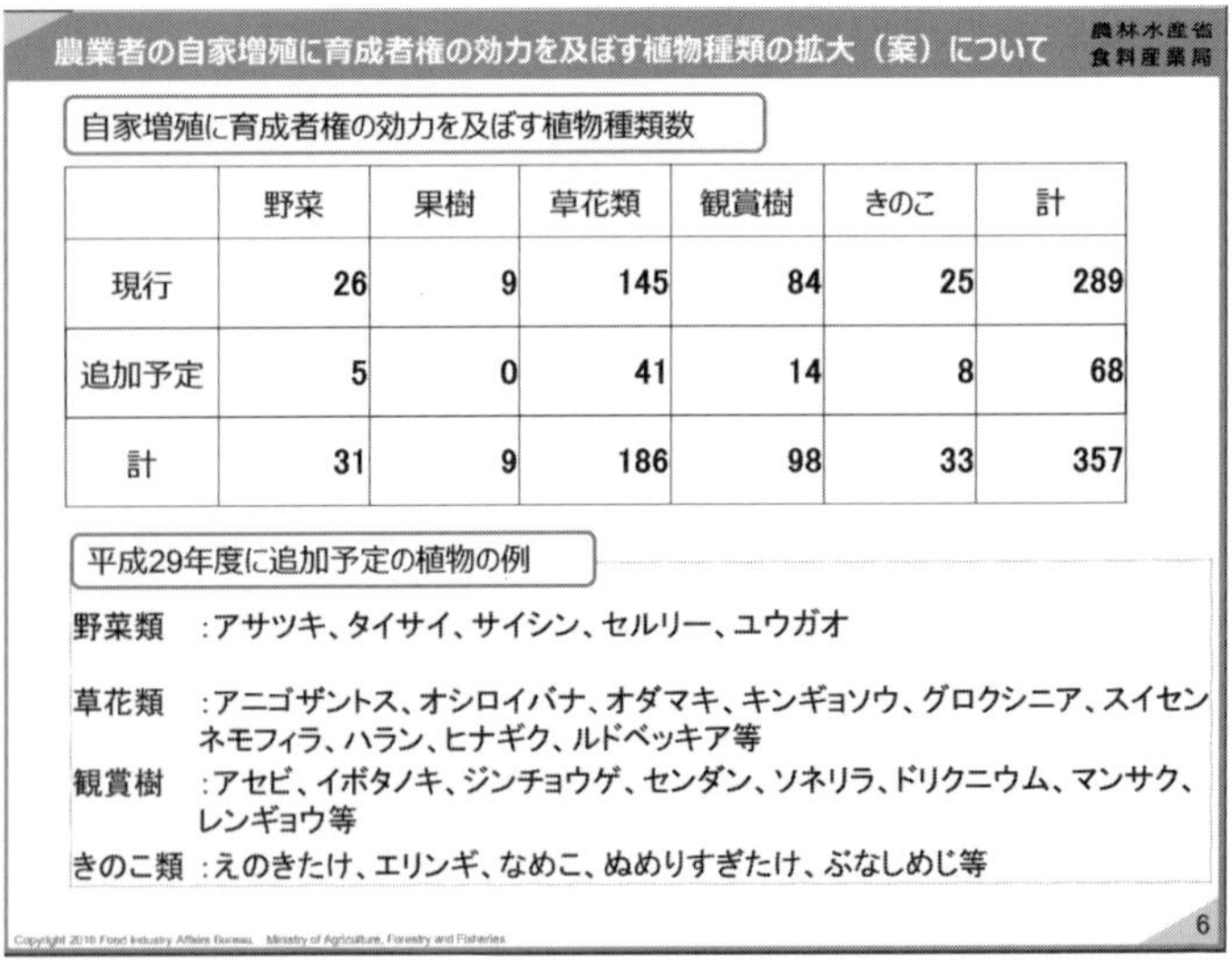
農業者の自家増殖に育成者権の効力を及ぼす植物種類の拡大（案）について

農林水産省
食料産業局

自家増殖に育成者権の効力を及ぼす植物種類数

	野菜	果樹	草花類	観賞樹	きのこ	計
現行	26	9	145	84	25	289
追加予定	5	0	41	14	8	68
計	31	9	186	98	33	357

平成29年度に追加予定の植物の例

野菜類　:アサツキ、タイサイ、サイシン、セルリー、ユウガオ

草花類　:アニゴザントス、オシロイバナ、オダマキ、キンギョソウ、グロクシニア、スイセン
ネモフィラ、ハラン、ヒナギク、ルドベッキア等

観賞樹　:アセビ、イボタノキ、ジンチョウゲ、センダン、ソネリラ、ドリクニウム、マンサク、
レンギョウ等

きのこ類 :えのきたけ、エリンギ、なめこ、ぬめりすぎたけ、ぶなしめじ等

6

栄養繁殖が禁止される品種数

す。トマトは種子繁殖でありながら、栄養繁殖も可能ということなので、解釈次第では、トマトの自家採種も禁止できるということになります。事実、289種類の中に、トマト種との記載があります。ここが法律の条文の怖いところなのです。

UPOV条約の締結が自家採種を禁止方向へ向かわせる

さらに言えば、この種苗法を改正しようという動きもあります。それは、1991年、日本が「植物の新品種の保護に関する国際条約」（UPOV条約）を締結したころから始まります。

UPOV条約とは、4章でも説明していますが、新しく育成された植物品種を各国が共通の基本原則にしたがって新品種を保護する制度の普及によって、優れた品種の開発、流通を促進することを目的とした国際条約です。日本の種苗法上は、農業者の自家繁殖はある程度認められていますが、このUPOV条約上は、農業者の自家増殖は原則禁止されています。そこで、農林水産省は、日本国内の自家繁殖については、「植物の種類ごとの実態を十分に勘案した上で、生産現場に影響のないものから順次指定していくこととする。」

と発表しています。

簡単に言えば、ＵＰＯＶ条約では農業者の自家繁殖（栄養繁殖、種子繁殖を含む）を禁止しているのだから、種苗法でもそうしましょうという話なのです。乱暴な言い方にはなりますが、ＵＰＯＶ条約自体が、もともと世界各国の種に関する知的財産権の法律を統一しましょうと始まった条約ですから、当然、日本もその方向に向かうのは目に見えています。もし、このまま種苗法の改正が行われれば、農家の自家繁殖、つまり種子繁殖であれ栄養繁殖であれ、全て禁止してしまうということになります。これは自家採種禁止法案とすら言える内容であり、絶対にこの流れは止める必要があります。

問題なのは、主要農作物種子法の廃止ではありません。このＵＰＯＶ条約を根拠にした種苗法の改正の方なのです。他国、特に南米のチリやコロンビアでも、このＵＰＯＶ条約を根拠に自家採種禁止法案が出され、農家からの大反発を受けていますし、すでにヨーロッパやアメリカでは、知的財産権のある野菜や穀物の自家繁殖は禁止されています。日本の政府も、この流れを受けて、農業者の自家増殖を原則禁止しようという動きが見えてきています。

種はだれのものか。私たちが生きていくためには、水、空気、太陽、そして食べものが必要です。それらを得るために、誰かの許可を得なくてはならないというはおかしな話です。誰でも自由に川の水が飲め、太陽を浴び、深呼吸ができるように、種も自由に採種できるのが当たり前のことであり、私たちの権利です。その権利をないがしろにするような法律の改正には、断固反対していく必要があります。また、自家採種が禁止されていない今のうちに、できるだけたくさんの種を採種しておくことが必要です。自家採種禁止になってしまってから大騒ぎしても後戻りはできません。明日、いえ今日、採れる種があれば、今すぐ採種してください。

最終的には種を持っているものが、生き残れる時代が来るかもしれません。

第6章　民間シードバンクの必要性

植物の自然回復力は想像を超えるほど凄い

行き過ぎた交配種、遺伝子組換え種子、そしてその種の知的財産権による独占。そうした人間のエゴイズムとも言えるような遺伝子操作や権利主張を繰り返し、種はどんどん不自然なものになりつつあります。しかし、種から見れば、人間の行っていることなど、実は些細なことであったりもします。何十年も研究を重ね、費用をかけ、新しい品種を生み出して権利を主張したところで、その種から作物を栽培し、翌年種取りをしてしまうと、それまでの研究や費用など関係なく、植物は、いとも簡単に元に戻ろうとします。交配種の説明のところで、メンデルの法則の話を書きましたが、そこで説明したとおり、どんな交配種であっても、一度種取りをすると、分離の法則が働き、元の形質に戻ろうとしてしまうのです。

僕は交配種から種取りをすることもありますが、交配種から採種した種を使って翌年に栽培をしてみると、掛け合わせられる前の形質を持った作物ができます。その前の状態の形質のものから更に種取りを続けていくと、今まで複雑に絡み合ってきた様々な品種の形質を見つけ出すことができるようになります。これを先祖がえりと言ったりするのですが、その中から、自分のお気に入りの形質の種を取り続けると、だんだん、形質が変わらなくなっていきます。こうした種取りの方法を「種の固定化」と呼んだりします。

何千万円、何億円かけようが、植物にとっては関係のないことです。あっという間に、しかも費用も人手もかけずに、原種に戻っていくことがあるわけです。所詮、人が行う自然への挑戦など、その程度のことでしかありません。だからこそ、不自然に交配されてきた種であろうが、自家採種を行っていけばよいだけのことです。それだけで、不自然な種は自然な種へと戻すことができます。

自家採種をしていくことは、種にその地域の記憶を持たせ、強い作物にするという目的もありますが、種を自然な状態に戻すという目的もあるわけです。だからこそ、僕は自家採種を勧めています。権利が奪われるとか、種が不自然だと文句ばかりを言っていても始まりません。僕は農民ですから、僕にできることは、種を取ることです。種を取ることで、今の行き過ぎた交配種や遺伝子組換え種子への抵抗、あるいは権利を奪おうとする企業や国への抵抗が可能です。文句を言うだけではなく、行動しようということです。

種取りは決して難しいことではありません。その方法は最終章で紹介しますが、植物の最終目的は種を付けて、子孫を残すことですから、一言でいえば、どんな作物でも放っておけば勝手に種をつけます。プロの農家だけでなく、家庭菜園の方も自家採種をして、今の自家採種禁止への動きを止める活動に参加してほしいと思っています。

自家採種禁止の流れに立ち向かうために

種の権利はだれのものか。このことをずっと問いかけてきたのですが、結論を言えば、種は種を付けた植物自身のものです。そして、その種を採る権利は、人類共通の権利です。いえ、人類だけではなく、全ての生命体は採種をする権利があります。つまり、種は誰のものでもなく、全ての生命体の共通財産であり、一つの企業や国に独占されることがないからこそ、多様性が守られます。その多様性を壊し、種を私物化し、ともすれば、種を独占することで食料支配しようとするその動きに対し、私たちは、何らかの形で抵抗し、歯止めをかけていかなくてはなりません。

世界的な条例、そして国内法についても説明しましたが、こうした自家採種禁止への流れというのは、主に、知的財産権を守るための条例であり、法律です。この法律を順守することで、種を開発する企業を守り、敷いては国の権利を守るという主張は理解できます。

しかし、何度も書きましたが、自家採種自体は奪われる権利ではないと思いますので、知的財産権のある種であっても、再生産のための自家採種は禁止してはいけません。自家採種した種を海外に持ち出したり、購入していない人に分け与えたり、あるいはその種を勝手に販売することは禁止されるのは致し方ないとしても、採種権利は農民にとっては絶対的なものなのです。ただし、知的財産権のない種に関しては、今のところ、自家採種が禁止されることはありません。現在の法律や条例は、知的財産権のある種に関しての規定であり、誰も権利を持っていない種に関しては、規定していません。その種を交換し合うこと、譲渡したりすることも、絶対に禁止されることはあってはなりません。事実、過去から農家の手でつないできた在来種、あるいは心ある種屋さんが繋いできた固定種に関しては、どのような制限もありません。ですので、この自家採種の流れに抵抗するために、まだ権利を主張されていない、固定種、在来種の自家採種を、できるだけ多くの方で行っていくことが必要です。

そして、その種を保管し、交換し合える仕組みを作り上げることです。それが民間シードバンクです。日本には、国立研究開発法人農業・食品産業技術総合研究機構（NARO）という農林水産省所管の国立研究開発法人があります。一般的には農研機構と呼ばれ、そこにジーンバンクが存在しており、農業用種子の遺伝子情報や種自体の保管が行われています。しかし、民間が運営するシードバンクというのはまだまだ少ないのが現状です。固定種、在来種の自家採種を行い、それらを保管しておくためには、公的ジーンバンクではなく、民間のシードバンクではなくてはなりません。公的ジーンバンクは、固定種や在来種よりも、交配種を開発するための遺伝資源の保管が主な業務です。企業が開発する種は、機能的には優れていますが、自家採種をすることを前提としていません。企業が種を販売し、農家が種を購入して栽培するという、分業化の流れを作ってきたからです。その流れの延長線上に自家採種禁止があります。

もし、交配種のように自家採種禁止の種が増えてしまった場合、あるいは、自家採種禁止の種しか販売されなくなった場合、その時点で種を持っていない人たちは、そうした種しか手に入らず、二度と採種が出来なくなるでしょう。しかし、現時点で自家採種が禁じられない種を繋いでいけば、たとえ、自家採種禁止の交配種しか販売されなくても、繋いできた固定種、在来種を分配すればよいことになります。そして、その先も自家採種し続けることはできます。だからこそ、民間のシードバンクが必要なのです。

「たねのがっこう」の種子を分配する仕組みについて

僕は、「たねのがっこう」というシードバンクを、岐阜県郡上市で立ち上げました。これは、完全なる民間のシードバンクです。民間の有志の方々の資金で成り立っているシードバンクです。種苗会社や財団、大手企業等の資金は入れていませんし、運営も個人で行っている活動です。このシードバンクでは、無肥料、無農薬、自家採種での栽培方法を学ぶセミナーなども行っています。種を独占しようとする企業の多くは、種苗会社というよりも、バイオテクノロジー企業です。その企業の動きに抵抗しようという時に、バイオテクノロジー企業の販売する肥料や農薬を使用していたのでは意味がありません。無農薬、無肥料、自家採種と三つが揃って、初めて、バイオテクノロジー企業から独立した食料の自給が可能だからです。

そこで、「たねのがっこう」について、少し紹介しておきます。「たねのがっこう」は、種の保管を行うシードバンクです。種の自家採種が禁止されたとしても、会員の協力により、自家採種可能な種を残しておくことを目的としています。種の自家採種が不可能になった時に、この種を会員で増やしていただき、共有するのが最終目的です。

主な活動は以下の通りです。

・農業指導・農業セミナー
・シードバンク・種子交換会
・農業イベント（セミナー・マルシェ・ワークショップ・上映会・講演）
・トラスト運動（大豆トラスト・小麦トラスト等）
・オーガニック食品・物品等の販売

▼システム

「たねのがっこう」は会員式です。必ず会員になってから、利用いただきます。月額会費（年間一括払い）が必要ですが、これはサービスを受ける権利ということではありません。あくまでも、このシードバンクを運営し、種を守る活動のために資金となります。会員になり、年会費を支払うと、他の方が保存した種を受け取ることもできます。

＊「たねのがっこう」入会詳細
http://www.soramizu.com

▼シードバンクについて

シードバンクでは、会員の皆さんが採種した種を保存しておきます。このシードバンクに種を保存された会員は、ご自身以外の会員が採種した種を受け取ることもできます。プロの農家である必要はありません。正しく明記していれば、他の品種と交雑している可能性があってもかまいません。このシードバンクは、昔ながらの在来種を守るというよりも、全ての人が種を残すという行動を起こすことに注力しています。種の保管といっても、種苗法がありますので、全ての種が保管できるわけではありません。また、このシードバンクは種子交換会が目的ではなく、あくまでも種の保管が主な業務です。種を預けたからといって、いつでも受け取れるという銀行のような仕組みではありません。種を預けた時点で、種の権利は「たね

のがっこう」と会員に移管します。この種は「たねのがっこう」保管用ですので、ご自身の種は必ず手元に残しておいてください。種の更新が必要になった時点で、限定数、会員の有志に無償領布します。種を受け取った会員は、種取りをして返却していただくことになります。

▼受け入れ可能な種

＊野菜、及び穀物の在来種、固定種

野口のたねやたねの森等で購入した固定種、在来種や、長年種取りを続けている、固定種、在来種で、必ず、ご自身で一度自家採種したもの。誰かから受け取っただけの種は、保管できません。ご自身で自家採種した種に限ります。

▼受け入れできない種

＊栄養繁殖（胚や種での繁殖ではなく、根や葉や茎などで繁殖する植物）する植物の種、育成者権の与えられた交配種（F１）種子。

企業が販売する種には、種苗法により、育成者権が与えられた種が存在します。そうした種を自家採種して再生産することは、購入者本人は認められていますが、その種を贈与、販売することは禁止されています。そのため、受け取れる種は、育成者権の与えられていない種のみとなります。どの種に育成者権があるのかが分からない場合は、こちらでお調べいたしますので、必ず元の種の出所を明確してください。特に栄養繁殖する植物で、育成者権のあるものは自家繁殖自体が禁止されていますので、こうした植物自体や種等はお受け取りできません。多くの在来種、固定種に関しましては、特にそうした育成者権は与えられていませんが、稀に存在しますし、在来種の保存会等で種子を守り続けている品種に関しても受け入れできません。

受け入れ可能な種

自家採種した固定種	自家採種した在来種	長年種採りした種

必ず自家採種した種

受け入れできない種

栄養繁殖する植物の種	育成者権のある種	一度も自家採種してない種	出所不明で形質も不明な種

▼種の領布方法

更新が必要になった種をリスト化していきますので、その中から受け取りたい種があれば、メールにて受付、順次発送します。種の数は限定されますので、無くなり次第、発送は中止します。元々、量の少ない種は5名程度で終了する場合もあります。お送りする種の量は、10粒程度から１００ｇ程度まで、保管してある種の量により変化します。

▼種子の返却

受け取った種は、必ず自家採種し、返却してください。自家採種した種の一部を「たねのがっこう」にご返送いただきます。その際の量は、受け取った量の2倍以上とします。これは、他の方が栽培に失敗する場合を考慮しているためです。栽培に失敗したからといって、特にペナルティはありませんが、慎重に栽培をお願いしま

す。もし少量の種しか採種できなかった場合は、返却を優先してください。

▼その他の活動

会員用のお話会、上映会、種取りワークショップ等のイベント、無肥料栽培セミナーを開催していきます。その際、会員割引を適用した参加費が別途必要ですが、会員限定の催しとなります。会員以外の方をご同行される場合は、会員割引なしの参加費をお支払いただければ、参加可能です。農業スクールは、無農薬はもちろん、無肥料での栽培方法を学べます。種を自分で採ったとしても、農薬や肥料を購入する農業では、最終的な食糧自給が完成しません。企業にできるだけ頼らない方法で、野菜を栽培し、種を残すのが目的です。

第7章　自家採種で取り戻す植物のチカラ

誰でもできる簡単な自家採種の方法

この最終章では、せっかくの農民が書く種の本ですから、実際の種取りの方法について説明していこうと思います。

僕は農民ですから、種に関する法律的なことや国際条例なども学んではいますが、やはり土俵は畑です。その畑で自家採種をしてきた経験から、今、自家採種禁止への動きを止める、あるいは、自家採種禁止となっても、種の権利を奪われず、身を護る方法として、種取りの方法を学んでおくことは、とても大切だと思っています。

①完熟果の果菜類の種取り

果菜類というのは、実を生らし、その中に種を残すタイプの野菜のことです。こうした野菜の種を取るのは、実はさほど難しくはありません。まず注意するべきなのは、その果菜類は、完熟果で食べる野菜なのか、未熟果で食べる野菜かという点です。例を挙げていえば、完熟果で食べる野菜は、トマト、カボチャ、スイカなどです。ブドウ、リンゴ、桃、みかんなどの果実の場合は多くが完熟してから食べます。完熟してから食べる野菜や果物は、実の中に種が形成されています。完熟した時点で種も完熟していますので、食べたいと思うタイミングで種取りをすればよいということになります。

トマトは、最初は花を咲かせ、花が散ると実を付けます。実の生りはじめは青く、硬く、酸味も強い状態です。この時には、まだ鳥などに食べられたくないので、甘くせず目立たない色をしているわけです。種が完熟すると、実も同時に完熟します。実が完熟すれば、赤くなったり甘くなったりしますから、鳥や動物が食べようとします。果菜類は、動物に実を食べてもらい、種は未消化のまま糞として排泄してもらって勢力を広げるという生態ですから、甘くなった時が、種の完熟の時なわけです。

食べごろの果菜類を収穫します。写真はトマトの例ですが、トマトの中のヌルヌルとした部分に種がたくさん入っていますので、この部分を、金ザルなどに移します。周りの部分に関しては、トマトソースなどで食べてもらっても構いません。金ザルに移した種の部分に、流水などをかけながら、こすり続けます。そうすると、やがてヌルヌルの部分が流れて種だけになります。このヌルヌルの部分が残っていると、種同士がくっつきますし、

トマトの種取り

発芽率も落ちますので、しっかりと洗い流します。この際、トマトの種のあるヌルヌルの部分だけをボウルに入れ、発酵するまで常温においておくという方法も有効です。こうすると、ヌルヌルが発酵によって分解し、種を洗い流すときに簡単に落ちてくれます。ただし、腐敗しないよう気を付けなくてはなりません。

綺麗に種だけになりましたら、水に沈んだ種だけを、サラシや布巾などの上に移し、よく広げます。浮いてしまった種は発芽率が悪いことがありますので、浮いた種は網などで避けて、沈んだ種だけにするのがポイントです。種をサラシなどに移したら、日陰で乾燥した場所で、48時間以上乾燥させます。乾燥が中途半端だと、種にカビが生えることがあり、要注意です。カビが生えると、発芽しなくなります。しっかり乾燥したら、瓶などに入れて保管します。カボチャやスイカなどは、実を食べた後に、種を捨てずに集めて、同じくよく洗ったあと、乾燥させてから、保管すればよいでしょう。

② 未熟果の果菜類の種取り

次に未熟果で食べる野菜の場合の種取りの方法ですが、未熟果の野菜と言えば、代表的なのが、ナス、ピーマン、キュウリなどです。その他にもズッキーニ、ゴーヤなども未熟の状態で食べる野菜です。ピーマンやズッキーニなどには未熟な種が入っていることはありますが、ナスやキュウリは、まだ種の存在はほとんどわからないときに食べる野菜です。

こうした野菜の場合は、収穫せずに、枝にぶら下げたまま、完熟するまで待つ必要があります。ナスならば、食べごろは黒々として艶がある状態で、少し柔らかい実をしています。この状態ではまだ種は出来ていません。そのまま収穫せずにいると、早いもので、1か月ほどでナスの艶がなくなり、実が硬くなります。鳥や動物が食べるのには硬すぎるほど、カチカチになります。この時に、ナスは種を熟成させています。熟成中には動物に食

ナスの種取り

べられたくないからです。やがて種が完熟すると、突然、実が柔らかくなります。これは、実が水分を抜いて枯れ始めるからです。触ってみて、ペコンと引っ込むようになれば、種が出来ています。実がカメムシなどに食われていると、実の一部が裂けてくることがあります。その場合は、柔らかくならなかったりします。あるいは、実が小さいうちから栄養不足になってしまうと、その場合も実は柔らかくなりません。その場合は、硬い状態で種を取り出します。

種の取出しは、実を割って、スプーンで取り出すだけですが、実を割るときに、包丁などを入れ過ぎると、種を切ってしまうので、注意してください。後は、トマトの時と同じく、金ザルに種を入れ、流水でよく洗ってから、48時間以上、日陰干ししてください。

次にピーマンですが、ピーマンは青い状態で食べる野菜ですが、この時、既に種らしき物はあります。しかし、この種では発芽しません。必ず、枝に残したまま、真っ赤になるまで待ちます。真っ赤になれば、実は甘味を持ち始めます。逆に、種はカプサイシンが生成され、辛みが増えます。つまり鳥などに、実を食べてもらうように甘くしたわけであり、種は食べられないように辛くしたわけです。この状態になったら、収穫し、種を取分けます。そしてよく乾燥させてから保管します。この際、種を洗っても構いません。果菜類の種は、乾燥させる前であれば、洗っても問題はありません。ただし、一度乾燥させてしまったら、その後は洗ってはいけません。洗えば、種が吸水をし、発芽しようとしてしまうからです。

ピーマンは、カサカサになるまで枝に残しておく方もいます。この場合は、種にしっかりとカプサイシンが回っているので、鳥や虫食いなどの被害が少なくなると言われています。どちらの状態で採種しても構いません。

キュウリも緑色の頃は種が出来ていません。キュウリの種取りは案外難しく、第一章で書いたように、受粉しなくても実を付ける野菜です。そのため、どれでも良いからと、特

ピーマンの種取り

に選別もせずに種を取ると、中には全く種がない場合があります。キュウリはしっかり受粉すると、太くて長く、まっすぐなキュウリになります。ですので、細いキュウリ、短いキュウリ、曲がっているキュウリからは種取りができません。少しは種はありますが、しっかりとした種を取りたければ、太くて長くて、まっすぐなキュウリを選びます。

種取りに選んだキュウリは、同じく枝から切り取らず、そのまま黄色くなるまで放っておきます。緑色のキュウリは、収穫しないでいると、どんどん大きくなり、やがて黄色くなり、硬くなります。さらに放っておくと、黄色からやや黄土色になり、そして柔らかくなってきます。このタイミングが種取りのタイミングです。

収穫したキュウリは、手で裂き、中の種を金ザルに落とします。そしてトマトの時と同じく、ヌルヌルを良く洗い流します。その後、水に沈む種を乾燥させますが、キュウリは種が浮くことが多い野菜ですので、全部が浮いてしまうようなら、浮いた種でも保管しておいてください。浮いたからといって、絶対に発芽しないわけではありません。

ちなみに、どんな野菜でも、実がたくさんなる旬の時に生った実が、一番種としては元気な種になります。枝や蔓が未熟だったり、逆にくたびれていたりすると、そのときに

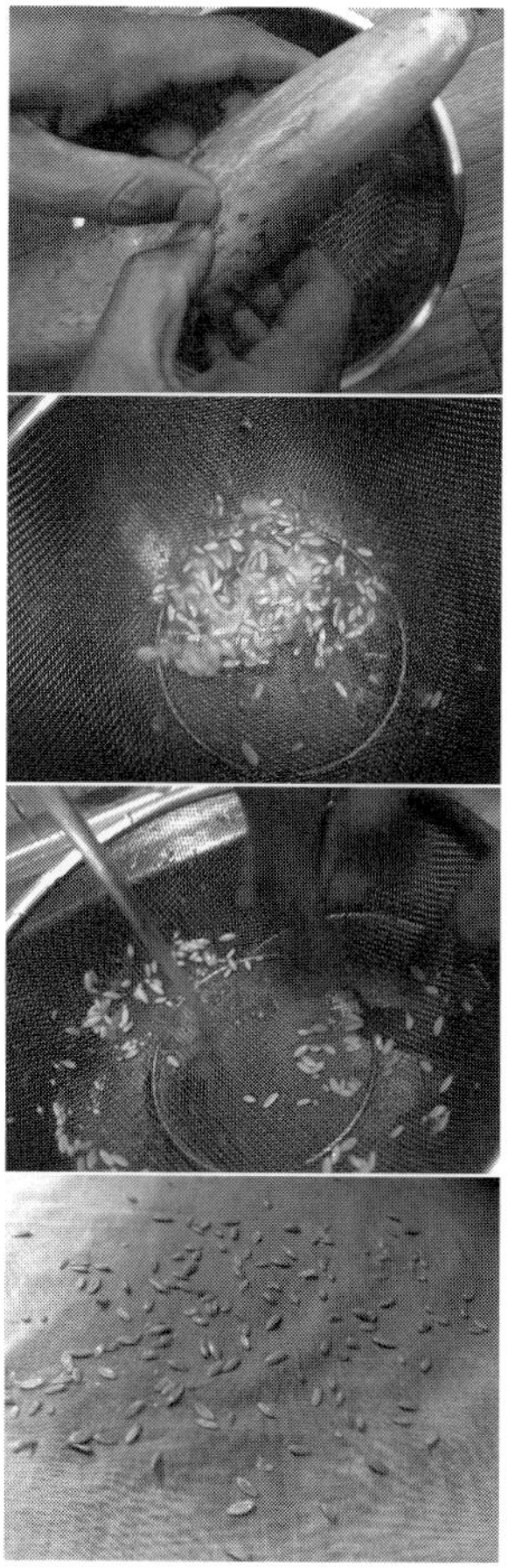

キュウリの種取り

生った実の種も元気が無くなります。枝振りが一番元気の良い時に、種取りをする実を決めた方が良いでしょう。

③ 葉野菜の種取り

葉野菜の種取りは一番難しいと言われています。葉野菜は、種を付けるまでの期間の1／3から1／4で収穫してしまう野菜ですから、収穫までの期間の3倍ほどの長い期間、畑に残しておかなくてはなりません。

葉野菜と言えば、小松菜、ホウレンソウ、水菜、レタス、青梗菜などです。キャベツも葉野菜と部類になります。葉野菜は、春収穫の野菜と秋収穫の野菜があります。春収穫の野菜は、秋には種が取れるのですが、秋収穫の葉野菜の種は、翌年の春に取ることになりますので、どうしても冬越しをしなくてはなりません。

葉野菜は、もともとは多年草であったものが、日本の気候に合わず、冬に霜で枯れることで1年草に変化していったと考えられますので、冬を越すのはなかなか難しい野菜が多いものです。温暖な地域ですと、何もしなくても冬を越せることも多いですが、雪が降る地域や、霜が良く降りる地域、土壌が凍結する地域では、冬越しのために保温してあげる必要があります。

アブラナ科の葉野菜などは、冬になると、葉を地面に寝かせるように広げていくものがあります。こういう姿をロゼットと呼びます。

無事に冬を越せると、葉はほとんど枯れてしまいますが、中心部のトウダチする茎の部分だけはしっかりと存在します。トウダチとは、花を咲かせることを言います。

春になると、葉野菜の中心部から茎がグングンと伸びてきます。そしてその先にたくさんの花を咲かせます。花の咲かせ方は種類によって違いますが、おおむね、小さな花弁をたくさん付けます。

花が咲くと、ミツバチが寄ってきて受粉を始めます。ミツバチがいなくても、ある程度は風によって受粉していきます。受粉ができると、花は枯れて種を付け始めます。種の付き方も、野菜によってまちまちです。小松菜は細長い鞘をたくさん付けて、その中に種ができます。白菜なども細い鞘を無数に付けます。その中に種がたくさんできます。ホウレンソウのように茎に寄り添うように付く種もありますし、線香花火のような形で種を付けるパセリ、春菊やレタスなどは、菊の花を咲かせ、その中心に種を付けます。

種の収穫タイミングですが、種を付けたあと、鞘が弾けて種をばら蒔いてしまう野菜もありますので、うっかりしていると、種が全部落ちていることがあります。

種は、野菜がトウダチしたときに伸びた主軸の茎が枯れてきたら、もう根から栄養吸収はしていませんので、早めに茎ごと切り取り、零れてもよい場所で乾燥させておくといいでしょう。例えばビニールハウスの中で、下にビニールを敷いておくとか、大きなゴミ袋の中に入れて、上を縛らないでそのまま乾燥させるとかです。切り取るとき、一応、種が熟しているかは確認してください。まだ緑色だったりすると、ちょっと早いので、種が茶色、または黒くなるのを待ってから、早めに刈り取ります。

ちなみに、花弁や蕚《がく》などの残骸と共に、保存しておいても構いません。ゴミを払って、

保温中の葉野菜の写真

花が咲いたところの写真

種を付けた写真

種だけを取り出さなくても、しっかり乾燥したところに置いておけば大丈夫です。
キク科の種などは、茎から外す必要もありません。そのまま保管しておいても構いません。

なお、葉野菜の種取りは長い時間がかかるので、収穫せずに一部を残すという方法で種取りする場合、畑の畝を占領してしまいます。種を付けると結構大きく広がりますので、もし畑に余裕があるなら、種取り用に畝を作り、そこで種取り用の葉野菜を作るのもお勧めです。

ところで、とても大切なことですが、アブラナ科だけは自家不和合性という、少し面倒な性質を持っています。これは、自分の花粉では受粉しないという性質で、他家受粉という方法で受粉させなくてはいけません。そのため、キャベツやブロッコリー、白菜、小松菜、水菜のようなアブラナ科は、最低でも3株以上残しておく必要があります。それも出来れば、すぐ近くに3株必要です。その点だけは覚えておかないと、種が出来にくいので、注意してください。

④ 根菜の種取り

次に根菜類の種取りです。根菜とは、大根、ニンジン、カブなどのことです。根菜類というのは不思議な生態を持っていて、大根の最初の頃に生えてくる葉は、下の大根を育てるための葉です。この葉で光合成をしながら、炭水化物やたんぱく質を作り続け、大根の部分に溜めておきます。大根の花が咲くころ、つまり秋収穫の大根ならば、春に種を付けますのが、その頃になると、大根に栄養をため込むための葉は一旦枯れてしまいます。そして今度は、トウダチするための新しい葉が生えてきます。この葉を広げながら、光合成をし、大根の中心からトウダチ用の主軸の茎を伸ばしていきます。ある程度茎が伸びると、その先に花を咲かせます。そして花が散ると種を付けます。

大根は、ヒョウタンのような形をした鞘をたくさん付けて、その中に種を作りはじめます。大根はアブラナ科ですので、自家不和合性という性質があり、3本以上残しておく必要があります。自分の花粉では受粉しないからです。大根も同じように、冬越しする場合は、保温しておく必要があります。保温しておかないと、枯れてしまうことがあるので要注意です。

さて、大根は収穫時期を迎えたときに、一旦収穫してしまうという方法もあります。ニンジンやカブでも同じです。収穫した大根やニンジン、カブを並べ、その中から形の良いものを選びます。それを母本選抜と言います。形、色つやが良いもの、病気がないものなど、遺伝子的に強そうな個体を見つけ、それを、再度畑の隅に埋めます。実は、こうすることで、トウダチが加速します。つまり一旦大根が収穫されてしまったので、そのままもう一度埋めると、もう今までの葉は全部枯れていきます。この葉が枯れると、トウダチに必要な葉が生えてきます。それで加速されるわけです。しかも、一旦抜けば、良い大根やニンジンを選べますし、畑の隅に移動すれば、場所も取りません。一般的には、根菜類は、

大根

大根

植え替えて種取りをするのです。

さて、もう一つ注意事項があります。これもアブラナ科に多い問題ですが、アブラナ科は、他家受粉です。つまり、もし近くに同じアブラナ科で、違う品種のものが花を咲かせていたら、別な品種のアブラナ科の花粉で受粉してしまうかもしれません。こういう状態を交雑と言います。交雑すると、元の形質とは違う野菜ができることがあるので、この交雑も、できるだけ防いでおいた方が無難です。ではどうするかですが、花を咲かせるころになったら、まるごと寒冷紗のようなもので覆ってしまうことです。こうすることで、他のアブラナ科の花粉を付けたミツバチの飛来を防ぐわけです。畑に1種類のアブラナ科しかなければ、交雑する可能性が減りますが、2種類以上のアブラナ科の種を取る場合は、それぞれ別々に寒冷紗をかけ、数日交替で、寒冷紗を開けておくようにします。例えばカブの寒冷紗を開けているときは、白菜の寒冷紗は閉めておくという具合にです。そうすると、ミツバチのよる花粉の行き来を防ぐことができます。大変な作業ではありますが、アブラナ科の関してだけは、こうした注意が必要です。

⑤豆や稲、麦などの種取り

今度は、マメ科やイネ科などの種取りの方法について紹介しておきます。マメ科やイネ科の多くは、種を食べる植物ですので、食べるために収穫したならば、そのまま種にもできます。インゲン豆や枝豆、トウモロコシなどは未熟の状態で食べますので、これらに関しては、収穫せずに種が硬く乾燥するまで、畑に残しておく必要がありますが、それ以外は、大概は、収穫と種取りは同じです。大豆は、そのまま種ですし、麦もそのまま種です。コメだけは、食べるときは籾摺りといって、周りについている籾を取って食べますが、種にするものだけは、籾を取らずにおきます。

大豆

その他にも、種取りの方法はたくさんあります。全てをこの本の中では紹介できませんので、これくらいで終わりにしますが、種取りをしたりしたあと、種がたくさんありすぎる時は、「たねのがっこう」にご連絡ください。

⑥種の保管方法

最後に種の保管方法についてですが、種は一旦乾くと、休眠期間に入ります。次の芽吹きまで発芽しないように、発芽抑制物質を生成し、発芽のタイミングを待ちます。こうしておかないと、自分の発芽タイミングではないときに、うっかり発芽してしまい、枯れてしまうからです。種を保管しておく間は、休眠期間を壊さないように注意し、種を蒔くときには休眠期間を終わらせるようにしなくてはなりません。そのため、種の保管には、多少気を使う必要があります。

まず、種は一度乾燥させたら、次に濡れたときは発芽を始めようとしてしまいます。そうすると、休眠期間を維持できないので、決して濡れるようなことがあってはなりません。湿度が高いところも厳禁ですので、封筒などに入れておくのも良くありません。種を取ったら、瓶に入れておくのが最適です。できましたら、そこにシリカゲルなど、乾燥剤を入れておく方が良いと思います。竹炭などでも良いかもしれません。特に、カボチャの種や大豆など、大きな菜種ほど、湿度に弱いようです。そして、休眠期間を維持するために、冷蔵庫に入れます。冷蔵庫は温度が低いので、種にとっては芽吹いてはいけない冬ということになります。そのため、休眠期間が維持できるわけです。ただし、開け閉めの多い冷蔵庫は、温度の上がり下がりが激しいので、可能であれば、種専用の小さな冷蔵庫があれば良いと思います。種を蒔くときには、冷蔵庫から出し、数日から2週間程度、常温にさらします。そうすることで、休眠期間を終わらせることができます。おそらく、種が春と勘違いするからでしょう。

なお、収穫した種を翌年に使い切ってしまう場合は、常温保存しても構いません。その場合は、冬は寒く、夏は暑い場所が良いでしょう。つまり種に四季を感じさせるわけです。最近の24時間換気の一定温度の部屋では、四季は感じられませんので、注意してください。また、種は、全て使い切るのは危険です。栽培に失敗すると、種は途切れてしまいますので、多めに採種し、半分ほど使用し、後は残しておいた方が無難です。種は、3年ほどで更新していくのが理想です。3年で発芽しなくなるというわけではありませんが、やはり保管状態によっては、発芽率が下がってくるので、3年を目安に更新してください。

三浦大根

あとがき

種は誰のものか。

この本を読むことで、皆さんの中に、種を守ることへの答えが見つかったと、僕は信じています。僕は僕なりの答えを見つけ、それが今のシードバンク設立への行動に繋がりました。皆さんも、もし種の権利を守る必要があると感じたのならば、何かしらのアクションを起こしていただければと思っています。

ひとつには、この本を拡散していただくことです。多くの方に、種について考えてもらいたく、多くの方に読まれていくことを望んでいます。そして、シードバンクの活動への支援も、是非お願いしたいと思っています。僕のシードバンク「たねのがっこう」だけでなく、日本国内には数多くのシードバンクがあり、あるいは種を守る活動をされている方々がいます。その方々の支援もぜひ、お願いしたいと思っています。

＊たねのがっこう

https://www.soramizu.com/たねのがっこう/

この本の中で対談させていただいた、野口種苗店の野口勲さんは、固定種や在来種を守るために、固定種専門の種子販売会社を経営されています。交配種は一切扱わず、固定種だけを広めていこうとする珍しい、種屋です。

＊野口のタネ

http://noguchiseed.com/

野口さんは、「種があぶない」という本を出版されており、この本の中で交配種の危険性を詳しく説明されています。この本の中では紹介しきれなかった内容が満載ですので、書店やインターネットで是非ご購入いただければと思います。

＊タネがあぶない

https://www.amazon.co.jp/dp/4532168082/

また、今回、対談させていただいた在来種を扱う珍しい野菜問屋のwarmerwarmerの高橋さん。彼の在来種野菜もとても貴重ですし、この在来種を守るために、日本国内中を周り、在来種の種を守り栽培している農家を探しています。その活動の成果としての在来種の野菜問屋なのです。

＊warmerwarmer

http://warmerwarmer.net/

それ以外にも、多くの活動が始まっています。例えば、Share Seeds、シェアする〃たね〃プロジェクト。この活動は、家庭菜園などで自家採種したり、購入したけど使い切れなかったりした種（在来種・固定種・自家採種）を、お店などにおいてある「たねＢＯＸ」を経由して、交換し合おうという言う活動です。種を持っていなくても、たねＢＯＸから種を持ち帰り、自家採種して返却するという、フリーの種交換会です。

＊Share Seeds

https://www.share-seeds.com/

それ以外にも、多くの種を守る活動をされている方がおりますので、是非、一度Ｗｅｂサイトをご覧ください。

＊富士山麓有機農家シードバンク

https://www.facebook.com/fujinomiyaseedbank/

＊ピースシード×上野長一さん

https://www.premium-j.jp/eat_drink/13948/

＊長野県安曇野市のシャンティクティ

http://www.ultraman.gr.jp/shantikuthi/tanecafe201429.htm

このように、日本でも自家採種を守る活動や、種子交換会などの活動が盛んに行われるようになりました。特に、自然栽培や自然農法、有機農法の農家や家庭菜園を行う方々の活動によって広がりを見せています。条例や国内法などにより、一見、私たちの採種生活に支障が出るような動きがありますが、事実を正確に知って、正しい方向で活動を行っていけばよいだけの話です。法律を作る人たちよりも、私たち国民の方が、圧倒的に数が多いのですから、私たちが正しい意見で、正しい活動を行っていけば、必ず、私たちの権利は守られていきます。

貴方もぜひ、種を守る活動を始めてください。

種《たね》は誰《だれ》のものか?

初版発行　2018年10月15日

著者　岡本よりたか
編集　長吉秀夫
装幀　中島　浩
イラスト　オカモトデザイン
発行人　保泉昌広
発行所　キラジェンヌ株式会社
〒151-0073　東京都渋谷区笹塚3-19-2　青田ビル2階
TEL03-5371-0041　FAX03-5371-0051
印刷・製本　モリモト印刷株式会社

ISBN978-4-906913-81-7　C0030